高校数学教学实践与创新研究

林 琳 常雁玲 尹 慧 著

中国国际广播出版社

图书在版编目（CIP）数据

高校数学教学实践与创新研究 / 林琳，常雁玲，尹慧著 .-- 北京：中国国际广播出版社，2023.12

ISBN 978-7-5078-5484-8

Ⅰ.①高… Ⅱ.①林… ②常… ③尹… Ⅲ.①高校数学—教学研究—高等学校 Ⅳ.①O13-42

中国版本图书馆 CIP 数据核字（2023）第 243670 号

高校数学教学实践与创新研究

著　　者　林 琳　常雁玲　尹 慧
责任编辑　张娟平
校　　对　张 娜
封面设计　万典文化

出版发行　中国国际广播出版社有限公司
电　　话　010-86093580　010-86093583
地　　址　北京市丰台区榴乡路88号石榴中心2号楼1701
邮　　编　100079
印　　刷　天津市新科印刷有限公司

开　　本　787 毫米 ×1092 毫米　1/16
字　　数　270 千字
印　　张　13
版　　次　2024 年 3 月第 1 版
印　　次　2024 年 3 月第 1 次印刷
定　　价　80.00元

PREFACE 前 言

在高校数学教学中，实践与创新是不可或缺的元素。数学并非枯燥的理论，而是一门充满趣味和挑战的学科。通过实践，学生能够更好地理解抽象概念，培养解决问题的能力。创新则是推动教学不断发展的动力，使教育更符合时代需求。

数学实践教学的过程中，我们可以引入实际问题，让学生将所学知识应用于解决现实挑战。例如，通过实地调研测量，学生能够运用三角函数解决实际测量问题，加深对概念的理解。这种联系实际的教学方法不仅激发了学生学习的兴趣，还培养了他们将理论知识应用于实际的能力。创新则可以体现在教学方法和教材设计上。利用现代技术，例如数学软件和在线资源，可以使教学更生动有趣。借助互动性强的教学工具，学生能够在实践中探索数学的奥秘，从而提高学习效果。此外，结合跨学科的教学方式，将数学与其他学科相结合，打破学科之间的界限，激发学生的创造力和思维方式。

本书首先对高校数学教学现状、高校数学教学改革、互联网高校数学教学、高校数学文化教育以及高校数学德育教学做了简要介绍；其次阐述了高校数学教学的理论基础，其中包括数学教学的发展概论、弗赖登塔尔的数学教育思想、波利亚的解题理论、构建主义的数学教育理论、我国的“双基”数学教学以及初等化理论；再次分析了高校数学教学模式，让读者对高校数学教学模式有了全新的认识；然后对高校数学教学方法、高校数学素质培养的理论基础进行了较大幅度的改进，最后从多维度阐述了数学应用素质的培养，充分反映了21世纪高校数学教学实践与创新方面的前沿问题，力求让读者充分认识高校数学教学实践与创新研究的重要性和必要性。本书兼具理论与实际应用价值，可供广大高校数学教学相关工作者参考和借鉴。

CONTENTS 目录

第一章　高校数学教学概述

第一节　高校数学教学现状

在当前高等学校全面发展的大环境之下，对于学生的综合素质有了更高的期望和要求。的确，学生的综合素质水平对整个社会的持续发展具有至关重要的影响。以数学这门重要课程来说，为了跟得上建设具有中国特色社会主义伟大事业的时代前进的脚步，我们的老师们都需要更加重视提升数学教学的质量，致力于为祖国培育更多具备多重才能的未来精英。

一、高校数学课程的重要性

（一）数学是培养学生思维的重要学科

相较于其他诸多科目而言，数学在思维逻辑方面的要求更为突出和显著，这不仅体现在对问题的发现与解决过程中，而且能够充分挖掘并激发学生的潜在潜能，培养并提高他们的逻辑思维能力。在此基础上，思维解题能力的深度发展同样有利于学生除智力要素以外能力的综合提升，从而在潜移默化中提升他们的综合素质。

（二）数学能让学生养成严谨性的良好品德

数学作为一门需要深入细致思考的学科，要求学生在解决问题时不仅要具备精细入微的思维能力，更需持有耐心去深度探索与理解问题。在此过程中，学生应当准确地区分正确与错误，判断须清晰鲜明，这样才能在深层次上体现出他们对数学中理想观念的倾向。因此，长期处于数学专业领域的学者，极易受到这种文化氛围的影响而逐渐形成对真知灼见的执着追求以及严谨无暇的科学态度。正是由于数学本身具有极高的探究性，许多高等院校在教学实践中都注重培养学生的探究精神。事实上，数学的精妙之处便在于其诸多难题的吸引，在解题过程中学生们无形之中得以锻炼坚韧不拔的毅力，这无疑在一定程度上塑造着他们的优秀品格。

二、高校数学教学存在的问题

随着高等教育在过去几年中的规模持续扩大与深化普及，高校学生来源已逐渐显现出多元化的演进势头。同时，企业对于具备高等素养之优秀人才的需求也在日益提高，这使得他们对于高校提供的人才培养服务和质量有了更高层次的期待与要求。然而，时至今日，我国高校现行的数学课程教学体系中仍然存在着诸多有待改进之处，这些问题和短板无疑给学子们在学术领域的深造和职业生涯的拓展带来了相当大的制约。

（一）学习主动性不高

鉴于生源多样化以及学生学习基础差异之大，许多学生在学习过程中对于数学持有消极乃至疲惫的态度，学习行为相对比较消极被动，只是为了应对各类学科考核而投入学习。由于高等院校中所涵盖的高深数学知识体系庞大复杂且深度颇深，极易使学生在学习过程中遭受挫折，严重影响课堂教学质量的提升。在数学课堂教学活动中，学生往往未能锻炼出一套完善的数学问题解析思路，过于依赖教师的指导，深受教师教学思维模式的影响。他们总是倾向于效仿教师的解题步骤及思维方式来解决问题，在某种程度上束缚了他们自身的数学运用技巧与能力的进一步发展。

（二）课程体系设置不合理

在高校课程体系的构建方面，通常会把数学的基本理论课程集中放在新生入学第一年，并且课程安排相对紧张忙碌。在此过程中，授课教师往往重心放在紧跟教学进程，而忽视了对学生数学应用才能的培育，未能有效提升学生的数学逻辑思维和发散思维能力。目前，高等院校数学教材主要以理论推导为核心，很少涉及到实际应用型问题，这就导致数学教育与现实生活严重脱节。由于数学教材中的理论知识往往难以理解，生活中难觅与其紧密连接的实例，学生在课堂教学环境下无法亲身感受到数学知识的内在精髓，数学学习显得颇为抽象，进而制约了他们数学应用能力的形成与发展。

(三) 数学教学方式老旧

首先，我们必须注意到部分高等院校在数学教育领域中仍然缺乏创新的教学方法，这直接限制了教学成果的深度与广度。以“填鸭式”的教学手段为例，尽管它确实有助于学生数学知识水平的提升，然而在对学生数学思维素养以及实际操作技能的培育方面，“填鸭式”教学手段造成了严重制约，无法达到理想的效果。

其次，值得关注的是，高等院校并未引入足够的现代教学技巧和模式，以至于许多深奥的数学概念、复杂的计算策略以及基本原则很难让学生准确地领悟和把握。这种情况显然将极大地打击学习者的数学学习积极性，进而影响到整个高等院校数学教学项目的进展和品质。

(四) 高校数学教师专业能力及综合素质不高

首先，我们必须认识到，有相当比例的高校教师并未能在数学教学中积极地进行自我转变与调整，从而进一步导致其专业能力日渐下滑，难以适应日益增加的教学现实需求以及学生们不断提高的期待；其次，部分高校中负责数学教学工作的教师并非从数学专业直接出身，这无疑在一定程度上造成他们在专业知识掌握方面与技能掌握方面存在不足之处，进而影响了整个团队的专业素养与综合实力；最后，大多数来自师范院校的年轻数学教师，尽管具备了扎实的理论基础，但在实践教学经验方面尚有待积累与完善，这对于提升高校数学教育的规范化、专业化水平显然构成了阻碍。

三、针对高校数学问题提出措施

(一) 加强教师的知识专业性

伴随着校园扩大招生规模，学子人数不断增长的同时，数学学科的教学质量似乎出现了下滑迹象，这显然对广大学生的学业发展构成了负面影响。为此，我们必须通过全面提升和强化师资力量来扭转这一局面，从而显著增强数学教师队伍的整体素养。针对教师自身的职业道德问题，他们应进一步提高自己的学术水平，以满足广大学生日益旺盛的求知欲望。同时，在具体教学环节中，教师们理当尊重、理解并包容每一位学生的特点与需求，为他们创造出更为健康、良好的学习氛围。在此背景之下，学校在加大力度引进优质师资的同时，亦须督促并鼓励现有教师坚持不懈地进行自我学习，积极组织并开展各类课程培训活动，借助不断进步的学习氛围，我们有信心推动全体师生实现全方位的成长提升，致力于锻造一支具备高尚师德风范、卓越教育素养的优秀教师团队。

（二）数学教学的资源更新

鉴于当前高校数学教材更新速度较慢之局面，高等院校应积极把握新媒体技术发展的机遇，充分利用多元化的多媒体教学资源，以期提升教学质量与效果。高等教育机构应该深谙其职，认识到数学学习的重大意义，并在提供充足教学资源方面发挥引领作用，以便添置必要的电子设备如计算机及投影仪等现代化多媒体设施。将上述多媒体设备与数学教学紧密融合，力求改变传统教学模式，使多媒体教学融入课堂教学之中。尽管上述教学资源仅仅作为知识理论课本的补充工具，然而却显著增强了学生对知识点的理解程度，极大地调动了学生学习的积极性和主动性，同时有力地激发了他们的创造性思维能力。

（三）以学生为主体，发挥学生主观能动性

在教育领域，我们必须始终谨记以学生为中心，以他们的特性、需求和发展趋势作为指导方向，高校的数学教育并非仅仅是为了让学生的计算能力和逻辑思维逐步增强，更重要的是要帮助学生将数学理论知识巧妙地运用于日常生活实践，从而更好地服务于我国社会主义现代化的伟大事业。为了实现这样的目标，我们有必要深入探讨并优化教学方法和策略，注重以全面、系统且细致入微的方式来提升教学品质。此外，教师在授课过程中应尽可能地遵照“以人为本”的原则，从学生的角度出发，注重将学生的思考模式和教材内容紧密地联系起来。同时，还需鼓励师生之间建立起紧密的交流和互动关系，根据学生个体的学习习惯和兴趣特长，采取针对性的教学措施。

（四）将数学的启发型问题加入到教学中

数学作为一个高度严谨性的学科，其显著特征便是理性的思维方式。数学中的神秘色彩滋养着修行者对世界无尽的好奇心，而教师职业的核心价值就在于如何精心设计富有启示性的教学问题，通过持续的发问激发出学生对数学奥秘的探究欲望，借此助力他们积极投入到学习中去，并在潜移默化之间提升他们的学习修养。伴随着教师教诲的层层递进，学生对数学的热爱之情也随之升温。此时此刻，教师应适时放慢脚步，引导学生自主学

习，在学习过程中的困惑时刻，教师可给予适当的指引，如此便能够逐步引领学生感受数学的独特韵味。当然，这种引导式教学的效果与教师的教学内容息息相关，实际上，教师在编纂教案时应尽可能地辅以实际案例，引导学生及时进行实践和反思，在这个揭示真理的过程中，教师需要学会运用引导式教学方法，顺应学生身心发育的自然规律，并借鉴学生开放性的思维方式。教师在从事教学活动时，还需对学生的思维进行系统化训练，在学生熟练掌握各类知识的基础之上，将视野拓展开来，引导他们学会独立分析、解决问题。因此，教师应在课堂内容中融入实践元素，有助于学生深化对所学理论的理解与认识。

鉴于上述研究结果，我们发现，当前高等教育机构在数学教学方面仍存在诸多问题。为实现培养全面发展型人才的愿景，高校不仅要关注是否成功塑造学生的认知水平，更重要的是，要洞察学生群体的心理需求，始终把学生放在中心位置，尊重学生，通过引导式教学培养他们独立思考的能力。除此之外，更应强化教师队伍的综合素质，提高他们的专业素养，定期开展学习交流，提高学校对教师的培训力度，努力打造一支具备高尚职业道德及卓越教学能力的优秀师资队伍。同时，教师还需充分利用各类优质教学资源，促使学生更加高效地吸收数学知识，培育并深化他们的创新精神。

第二节　高校数学教学改革

自 2011 年起，我国针对高校数学教学提出了重大改革决策，提出“质量工程”提议，要求各高校全面推进数学教学改革。但由于实际教学中存在各方面的原因，部分高校数学改革在原地踏步，在形式上和质量上都没有太大的变化。针对这个问题，教师在教学中要从数学教学改革中遇到的问题出发，结合实际情况来制定相关的改革策略，对已有的内容和形式进行创新和调整，在提高教学质量的同时提升学生的数理计算能力。

一、高校数学教学改革的问题

数学作为一门具有广泛应用价值以及高度数理性特点的分支学科，其所涵盖的知识体系相对较为复杂，并且对于学生在学习过程中所展现出的综合素质亦有一定的要求。然而，针对目前所使用的高等数学教材来说，我们必须承认其中尚存在着一些有待改进之处，如教材内容过于单一，偏重于理论知识的传授，未能实现与实际实践环节的良好衔接，并且课本内容与其他相关学科之间的联系也相对不够密切，从而在某种程度上削弱了这一基础学科的实用性特征。此外，由于教材内容的陈旧，也很可能会使得学生在学习过程中陷入刻板印象，难以达到对其实践能力以及创新思维的培育和提高。再者，在教育体制改革的背景下，部分教师仍然沿用传统的板书书写方式以及习题训练方法，致使学生在课堂教学活动中的主体地位无法得到充分体现，缺乏对数学知识深入理解及独立思考的机会，特别是在实践运用方面的意识培养严重不足。

二、高校数学教学改革的对策

（一）完善教材内容，加快课堂教学改革

由现行教材内容较为单一的情况所引发的学生学习及思维方式日渐走向同质化的倾向，无疑让我们认识到对于教育改革的迫切需求。大多数学生在面临涉及陌生知识点的问题时，往往陷入困惑不解；而面临综合性较强的练习题时，则往往束手无策。为此，我们有必要对当前的教材内容以及教学改革进行全方位的审视与调整。

高等数学教材所包罗万象的知识体系及其丰富多样的练习题目，对我们而言是不可或缺的学习资源。唯有透彻领悟并掌握教材中的知识要点，学生们才可能游刃有余地应对各类练习题的挑战。然而，在传统的讲解型课堂模式下，教师能够传授给学生的知识毕竟有限，有时甚至难以充分向学生展示知识在实践中的灵活运用策略，从而导致学生在后续学习的过程中频繁遭遇困境。针对这种现象，作为教师的我们可以从教材内容入手，立足现实状况，制定出切实可行的教学方案。改变传统的题海战术，转向以模型构建取代单纯的习题训练；倡导创新性思考与概念推导相辅相成的教学理念，以此来提升学生的数学素养并促进课堂教学改革的发展进程。

如在《数列及数列极限》一课教学时，在这节课教学时，教师可从教材内容出发以数学建模来引导学生深入学习。在上课时教师可先给学生呈现简单的数列，如 1、2、3、4、5、6 等，逐步地过渡到无限数列，要注意从数列的最大值到无限最大值来给学生构建相应的模型，由简及难地导出求数列极限的方法。同时为提高学生的数学能力，教师也要对课堂教学形式进行改革，如可先给学生从最简单的数列出发，教授求数列极限的方法，然后将不同类型的数列呈现出来，引领学生自主思考和解析，求数列极限；同时也可就一些实际案例来和课堂内容融合起来，如可将高校数学课堂上的等差和等比数列应用到课堂教学中；同时也可融入一些无穷大或者无穷小的知识，注重对学生数学能力和思维的培养，

使其针对位置内容进行探究学习，进而提高自身学习能力。教师在课堂上从自身教学角度来完善教材内容，并做出课堂教学改革，能有效地推进课堂改革。

（二）应用现代资源，整合课堂数学内容

互联网信息科技为社会生活带来了诸多实质性的改善，而更为关键的是，此项革命性技术还为教育领域的创新发展打开了全新的空间。从前那些难以言表、难以理解的抽象教学内容，如今得益于各类信息化工具与手段，得以以直观且生动的形式展现在学生们面前，从而极大提升了课堂教授的效率。令人惊叹的是，信息时代所拥有的丰富多样的资源，其覆盖范围之广泛简直无法想象，它们既可剖析学生们难以攻克的数学难题，又能从多维度丰富课堂的教学内容。因此，我们的教师应对现代化的教育资源进行合理有效的运用，努力使课堂内容得到更高效的整合，搭建相应的网络资源库，引导学生在课堂内外更加充分有效地利用这些丰富的教学资源。

如在课程《导数的几何意义》的讲解过程中，这门课程不仅仅是数学教学中的重难点所在，同时在诸如机械设计、材料加工等多个领域都具有很强的实际应用价值。为了更好地激发学生的学习兴趣与热情，我们的教师应当积极探索多种不同的授课方法，将其他学科内容与我们的课堂知识有机地联系在一起，全面深入地利用好我们身边的教学环境优势。在授课时，教师可以率先向同学们介绍导数的基本含义，然后根据具体函数的一阶导数、二阶导数、三阶导数的几何意义与数学意义等多个角度展开全面而深入的解读，同时还需辅以现实生活中的实例来进行详细解释。例如，物理学中的时间 t 作为自变量，位移的一阶导数便对应着速度，二阶导数则代表加速度，其本质反映出物体运动的疾徐程度；在材料加工学中，如果想要确定以圆弧形材料的顶点所需的最小曲率，就必须考虑二阶导数的最大值等等。在学生对于导数的求解方法以及相关数学意义有了初步的认识之后，教师应该推荐一些专门针对数学导数的优秀网络资源给学生，鼓励他们在课外自主学习，全方位了解导数在众多科学领域的应用实例，进而深刻体会到数学的实用价值，进一步深化对课堂教学内容的理解与掌握。在教学过程中，教师通过运用现代化的教育资源整合课堂教学内容，同时关注从多角度阐述数学知识点，以此有效拓宽学生的数学思维视野，为他们未来的学术发展奠定坚实基础。

（三）丰富教学形式，提高课堂教学效率

教育领域中，课堂教学模式的改革及创新对于提升教学质量以及激发学生学习热情具

有重要意义。在此背景下，教师有必要在教学实践中积极引入现代化的信息技术工具，借此对传统教学方式予以大幅改进和革新，充分发掘并运用信息化时代所带来的教学便利条件，以多元化的情境创设和动态画面展示，增强学生对于数学知识的深入感受和理解。

例如，在教授《不定积分的意义》这一课程时，我们发现中学生在以前的学习中已经接触过定积分的概念，然而，在现实生活中，他们更常遇到并需要灵活处理的却是不定积分的情况。针对这种情况，教师不妨在开课时先介绍一些定积分的简单案例，如求解不规则梯形的面积、求解变速运动的物体的位移等。再以此为契机，引导学生进入不定积分的理论学习，比如研究呈指数增长的石油消耗量、十字路口黄灯亮起时的允许通行时间等。这些主题虽然较为抽象，但是利用现代科技手段，我们可以为学生逐步剖析和解释其中的奥秘。例如，针对呈指数增长的石油消耗量这个话题，我们可以先在课件上展示 1970 年至 2010 年间每年石油消耗量的变动趋势，通过具体实例数据引导学生展开相关的计算和推导。为了加深学生对这种经济现象的理解，我们还要用图表的形式将石油消耗量随着年份的变化清晰地展现出来，使同学们充分认识到不定积分在现实生活中的重要性及其应用。在成功解决这些问题之后，教师还可以列举出更多的例子来进一步强化学生对课堂基本概念的掌握，以期达到提升教学效率、强调自主探究精神和培养学生数学思维的双重效果。

（四）构建生本课堂，培养学生自主学习习惯

“以学生为本”是新时代教育的基本思路，教师只有保障学生在课堂上的主导地位，才能充分释放学生的学习潜能，尤其是对于已经拥有多年学习经验的高校学生而言，良好的自主学习习惯能够使其受益一生。不同于中学生学习，大学生的学习应该是积极的、主动的，且具备一定的自主学习能力。对此教师在教学过程中可构建生本课堂，结合课堂内容和学习环境来促使学生主动参与学习，让学生来把控课堂进度，成为课堂的主人，从而在激发其学习积极性的同时使其养成自主学习习惯。

如在《空间直线方程和空间平面方程》一课教学时，在这节课教学时，教师要从学生的认知水平出发，给学生创设合理科学的学习环境，促使学生能自主学习。在上课时教师可从最简单的平面直线方程给学生讲起，逐步地过渡到空间直线方程，并结合一些问题来询问学生，如空间中如何确定直线方程、需要怎样的步骤等，要尽量给学生输出完整的解题步骤，如构建空间直角坐标系、确定空间点的坐标，设置方程如（$x-x_0$）/X =（y-

y_0）/Y=（$z-z_0$）/Z 等。在学生有了大致的数学基础后，教师可给其呈现一些例题，让学生自主解析，同时可结合两条或多条直线来过渡到空间中的平面方程，这次可让学生自主探究，并给予其充分的时间，既可以在网络上查阅，也可从教材里进行推理论证，在必要时候教师也可予以提示，以帮助学生高效地获取课堂数学知识。教师在教学过程中确立以学生为本的课堂，并注重对学生自主学习能力和习惯的培养，不仅能实现数学教学改革的目的，也帮助学生养成良好的数学学习态度、思维和方式。

（五）改进评价方式，鼓励学生进行自主反思

自修乃是高等学府里学生公认的杰出学习方法之一，对于那些已掌握了自主学习技巧及已有丰富独立解决学术难题经验的高校在读生而言，他们已经逐渐习惯于独自面对学习过程中所遇到的各种挑战，且积累了相当多此类方面的知识储备。在此情形之下，教育者们应当针对学生的评价机制进行适度的改革和完善，以更好地满足学生在这方面的实际需求。如今，众多的高等院校在设定高等数学课程的评估准则时，纷纷采取将考试得分与日常学业表现相结合的综合性评价体系，从而让学者们能在平常的课业表现中获得自我评价的权利，同时也积极鼓舞他们进行深度的自我反思。并且，高等数学教授们还可以依托学生的合作学习小组来开展组员间的相互评鉴工作，要求各个小组在顺利结束每个学习阶段之后，互相为其他成员打分，为学期最终成绩的评定提供参考。借助这样的途径，学生们得以真正深入参与到自己的学习评价当中去。一方面，他们在这之中享有更大程度的学习自主权益，进而保持良好的心态；而另一方面，在导师的悉心引导之下，他们有望更加全面、客观地审视其当前的学术进度，从而更加愿意在反思总结的过程中寻求进一步的学术提高。

综上所述，当前的高等数学教学从教材内容、教学方法和形式上都存在一些问题，严重地阻碍了数学教学的发展，也限制和束缚了学生的数学思维。对此教师在教学过程中要正确认识数学教学改革中的问题，基于实际情况来做出相应调整，加快对教学内容和方法的改革和创新，使之符合学生的实际学习需求以及时代需要，并构建高效自主的课堂，培养学生的数学能力和自主学习习惯，在促进教育教学发展的同时发挥数学学科对学生专业学习和发展的支持作用。

第三节 互联网高校数学教学

一、“互联网+”背景下高校数学教学问题阐述

针对“互联网+”背景下高校数学教学改革所遭遇的重大困境进行深入剖析，众多相关专家学者强调，传统的数学教学课程必须紧随时代步伐，积极融入“互联网+”新趋势以求变革。然而，在推广与实践新的教学模式过程中仍存在诸多挑战。首先，从教育体系角度来看，全新的教法选择层出不穷，教师需持续提升自我能力，勇于接受新的挑战和创新；其次，利用网络技术手段，许多国际领先的教学技术正逐步融入到课堂之中，这些技能的运用与网络支持密切相连；再者，科学地整合线上线下教学资源将有助于拓宽学生对于数学领域的认识及感受深度。

然而，优质教学的强大执行力取决于教师自身的综合素质。许多现有的高校数学教师尚未达到应对“互联网+”形势所需的专业水平。此外，配套设施的建设对于“互联网+”背景下高校数学教学改革至关重要，各大高校均须设备齐全、内容丰富的教学资源。但受限于人力、物力和经济因素，大多数高校无法进行大量资金投入，这直接拖慢了改革进程。再者，激发学生的学习热情以及培养他们的自主学习能力亦为当下改造教学的关键问题。在“互联网+”的教育环境下，我们应充分重视高校数学在人才培养中的作用，关注学生的主观能动性和创新潜能，通过创造充满活力的教学气氛、提供创新思考环境的方式，激发学生提升认知水平及实践操作能力，进而实现高等数学教学的终极目标。

二、“互联网+”对高校数学教学的影响

（一）促进差异化教学的实施

借助先进的大数据收集及深入挖掘技术构建完整科学体系，从而实现每名学生个体情况的详尽剖析，在这个坚实的基石之上，科学地辨识出学生之间的个性差异，这对推动学生分为不同层级或者实施个人化教学提供了有效的支持。同时，根据不同学生的实际能力阶段，能够针对课程内容、作业题库等方面展开即时且灵活的调整，进而有效促进差异化教学策略的真实运用。“互联网+教学模式”突破了时间空间的限制，能够为学生量身定

做具有针对性的教育方式和授课内容，充分满足各色学子的个性化需求，为他们职业素养的提高奠定坚实的基础。同时，这种模式也推动了师生间更为频繁和密切的教学互动交流，使得差异化教学策略取得更为显著的成效。

（二）有利于数学教学创新

在互联网+教育教学的创新模式下，传统的教学方式得以显著革新。学生有机会提前预习相关课程的核心概念和理论框架，并通过实施微课学习，进一步深化理解与掌握相应知识技能。借助于互联网信息化教学手段，师生之间以及同学们之间的互动交流更加流畅便利，进而大大增强了整个教学过程的实效性。此外，网络学习空间所呈现出的自由、开放环境，使得教师能够实时跟踪监测学生的学习动态，从而针对性地指导和调整教与学策略，提升学生们的学习热情和自我驱动力，以及将所学知识转化为实践操作能力的实际水平。为了更好地适应这种新的教学形式，教师需要全方位提高自身素质，既要熟悉教学法原理和学科知识体系，更要有扎实的信息技术功底（如掌握文本图形、音视频等多种数据格式的整合技巧），并且善于结合运用多媒体技术来增强教学效果。

（三）有利于提高教学质量

教学活动应当坚持以教师为中心与以学生为主体的双重标准，而在“互联网+教学”这一先进理念的引领下，我们更加注重采用交互式的双向教学方法。教师可以借助于翻转课堂这种新型教学策略，充分发掘并运用互联网的强大功能，使学生能够在虚拟网络空间中快速便捷地获取到所需的学习资料以及网络课件，高效完成自学任务。此外，通过搜索并学习丰富多样的在线课程资源，不仅可以大大提升学生筛选与运用信息的能力，还能够锻炼他们在全球化时代所必备的信息处理技能。对于师生之间的有机互动，电子邮件、讨论区等各种现代化通讯工具的应用无疑将使得信息沟通更为全面和深入。通过收集和领悟更多的外部知识，有助于培养学生良好的人际交往能力。最后，教师可以在实体课堂上展开答疑解惑环节，通过融合线上教育与传统课堂教学模式的方式，让师生都能享受到更大的自主性，同时充分发挥互联网激发学生自主学习积极性的优势，以及传统课堂以针对性解决实际问题的鲜明特点。如此一来，我们有理由相信，教学质量必将获得大幅提升。

三、互联网+高校数学教学模式的重构

在这个互联网时代，我们必须认识到“互联网+”给教育领域带来了前所未有的发展

契机。为了能够更好地满足互联网环境下的教学需求，我们有必要对传统的数学教学模式加以重新审视与构建。尽管高等数学已经拥有一个较为完备的教学体系，但是其高度的抽象性及严密的逻辑性使得教学效果的优化工作面临着一定程度的挑战。因此，实施有效的互动式教学显得尤为重要。通过灵活运用各种教学策略来设计生动有趣的教学方案，我们可以引导学生运用所学的数学理论知识去解决实际问题，从而显著提升他们的自主学习能力以及整体教学效益，最终达到预期的良好教学效果。

（一）更新教师教学理念

在不断强化“互联网+”意识的前提下，我们要着重提升教师运用信息技术的整体素质，如此方能有效变革现有的教学方式。众所周知，传统的教学模式已经无法满足如今网络时代的教学要求，因此，有必要将其转化为以教师为主导，激发学生主体性的新型模式，通过充分利用互联网先进技术来提升教学质量和效果。其次，我们也需要改变学生们固有的学习方式。在过去的教学模式里，学生往往是被动地进行学习，被动地吸收知识，但是，随着互联网时代的来临，学生自主学习成为了主流的学习方式。因此，我们教师需要致力于培养学生们的自主学习能力，引导他们将所学到的理论知识充分运用于实际生活中。

（二）优化数学教学模式

在当前互联网技术飞速发展的大背景之下，高等院校的数学教学内容势必更为丰富多彩，其所涵盖的信息总量亦将大幅上涨。为了更好地履行教授职责，教师们可以尝试借助于特定情境的精心构建，借由图文俱佳的方式来进一步强化课堂内容的深度与感染力，由此激发出广大学生对于学习数学的热忱以及他们自身所蕴含的学习潜力和创造力。在此过程中，学生们可以充分挖掘并运用网络教学课件所带来的便利，如突破传统时间和空间限制，更有效地加强对于知识点的巩固和记忆，培育出更加科学且深入的思考能力。而作为教育工作者，教师则需要全面把握并熟练运用各类能够显著增强教学效果的手段（例如多媒体技术、网页交互式反馈等等），从而使得相应的教学内容能更为深入浅出地展现在学生面前，便于他们的理解与记忆。“互联网+”环境下的高等院校数学教学模式，无疑能使教师从繁琐冗长的传统授课任务中解脱出来，把更多的精力投放到为每一位学生提供具有针对性的学业指导上来。与此同时，丰富多彩的网络学习资源也极大地激励了学生们的学习主动性，进而推动了整个数学教学效果的提升。作为教学活动的基石，教材同样面临着适应互联网时代变化所需进行的必要更新。因此，各高等院校的数学教材也需审慎思考并适时更新，充分利用信息化资源，实现数学教材的数字化升级。我们还可以借助于各高等院校的优秀数学课程这一教学平台，逐步构建并不断完善立体化课程教学体系。

（三）完善教学评价方法

随着互联网络的不断强化和整合多元化途径，我们有望进一步提升质量评价的水平，这无疑将成为未来职业教育改革的重要趋势。在当前的互联网时代背景下，每个人都成为了评价的主体和客体，学生与授课老师可以借助网络平台进行互相评价。比如，学生们可以对于老师们精心准备的出色课程内容以及独特的教学手段表示赞扬，而这都将通过互联网上的大数据被科学地分析和深度挖掘出来，最终教育部门得以实现对各类学校及其教师教学行为的实时评价与监管，从而有助于推动教育教学的健康有序发展。然而，我们必须认识到，基于互联网的教学评价工作需要对评价的方式、内容以及衡量标准做出适时调整，以便有效提高教学评价的公正性和客观性，从而显著提升教学质量的整体水平。

四、互联网环境下高校数学教育教学模式改进的措施

（一）构建适合本校学生教育教学的网络平台

伴随科技进步和社会变迁，教育事业也需不断创新突破。早先单凭一支粉笔就能纵贯整个教学过程的理念已然陈旧不堪，因此我们更应该推动教育工作者转变思维，运用更为先进的教辅工具来提升当前的教学质量。

这种做法有助于满足教学需求，极大程度地提高教学实效。同时，按照现实状况来看，当今学生普遍思维开阔前卫，对于与时俱进的教学方式更为青睐，这无疑能够增进教学效果。

当前，众多高等学府已经开始逐步升级自身的教学体系及模式。许多高校已将网络资源引入课堂教学之中。例如，部分高校采用学习通作为数学课程的在线辅佐教学系统，另外一些则开设了天空教室在线教学平台。借助这些平台，教师可将教学计划、教案、教材、教学影片、优秀微课视频以及各类作业、考试题目等内容上传至网上，而学生亦可从该网站便利地下载所需的学习材料。

此外，通过这类平台，教师还能便捷地实施作业、试卷批阅工作，使每位同学的学习成果得以全面展现；同时，该系统提供了成绩查询等学生最为关注的功能，极大提升了教学的时效性，实现了实时反馈与接收反馈的无缝对接。

这种教学模式避免了过去那种保守僵硬的教学策略和方法，把现代信息技术融汇于课堂教学之中，极大地提高了教学成效，成功实现了传统教学模式与现代化网络教学模式的完美融合。

（二）合理地利用优质教学资源

教师理应紧密探究和学习各种知识领域，深入转变过时的教育理念，并根据每位学生独特的兴趣和特长，全面利用互联网所提供的教学资源。例如，可以借鉴重点院校的经典课程设计与精彩的教学方法，有效地导入优质的教学资源，如著名大学的在线视频教程、资深教授的微型讲座、实际操作指南、数学实验等等。通过对这些多元化的教学素材进行有针对性的整合精选，能够为我们的课堂注入全新的活力，带给学生耳目一新的视听体验，同时也会拓宽他们的学术视野。更为重要的是，教师应当着重培养学生自主学习、搜集信息和解决问题的实际能力。

另外，教育工作者们也可以将网络课程中所包含的各式各样的知识点，加以提取精炼，制作成精巧简洁的微视频，或者设立一些具有启发性的教学疑问，以此来丰富和深化课堂教学内容。这样的教学策略充分突出了以学生为主体的基本原则，有助于实现从关注教师的“教”转向更注重学生的“学”。然而必须明确一点，微课只是高等数学教育中的一种辅助手段而已，而非全部，因此在实施这种教学方法的过程当中，我们必须合理适度地运用，并且在微课视频结束后，根据同学们实际吸纳理解的情况，适时地进行必要的补充和扩展。

（三）结合网络教学平台做好课堂教学设计

平衡课程整体设计与精确教学策略以提升高等院校数学教学质量乃当前亟待探讨的重要课题。为了有效地实施此类课程教学，教师们应深入研究课程教学大纲的各项具体要求，分析确定教学目标，并在此基础之上制定出精确的教学方案。教学过程可细化为三大阶段：课前、课中以及课后，各阶段的安排均须精心设计。

首先，根据教学大纲的规定设定清晰的教学目标是教师开展高质量教学工作的前提条件。除此之外，教师们还需针对教学内容和学生现状进行全面客观的分析，以此为基础构建出数学教学的总体蓝图。从教学手段上看，教学设计过程主要分为以下三个环节：课前预习阶段、课堂教学阶段以及课后复习阶段。就课前预习而言，教师应充分发挥技术优势，提前将教学课件、教学视频以及在线测试上传至已建立的网络平台，以便学生们能在上新课前预先进行学习准备。

在课堂教学方面，老师应对重难点问题进行详细解读，引导学生进行深入讨论并给予恰当点评。同时，教师还需在每次授课结束后进行系统的教学总结和反思，将教学过程中所遇到的问题如实记录下来，并及时对教学方案中的不足之处进行修正。在课程选择上，教师要针对学生入学时数学基础较为薄弱的情况，在挑选视音频资料时要追求易于导航且吸引力强的资源，对于学有余力并且对数学有浓厚兴趣的学生，可以适当推荐一些具有深度理论性内容的课程。

其次，在课堂教学中引入思想政治教育元素也是一种必要之举，教师可以结合所教授知识的特性，适时适度地融入思政元素，以便能帮助广大学生将理论知识与实践相结合，进一步激发学生对数学学习的热情。例如，在讲解某些基本数学概念的时候，教师可以简要介绍这些概念的产生背景，让学生了解数学领域的历史变迁；或者通过数学概念这个看似深奥复杂的理论来揭示其中蕴藏的真理，使其与现实生活紧密联系起来，从而帮助学生更深入地理解人生哲理。

在阐述概念性知识时，教师还可以运用生活中的有趣案例来引出问题，鼓励学生开动脑筋寻找答案。譬如，通过赌博游戏这一看似巧合的现象背后所蕴含的必然性，我们能够生动形象地引出数学期望这一重要概念知识。

最后，教师在课堂教学过程中还应该根据本次课程的教学主题提出相关问题，尽可能地将之和实际生活案例相结合，让全体同学深切体会到数学就在日常生活中无处不在。同时，搭配适量的视频材料会使得数学课堂的氛围更加生动活泼，便于大多数同学更易地理解和掌握理论知识，同时也有助于培养学生的创新思维。实际上，数学知识源于生活，并最终用于服务生活本身。身为高等院校数学课程的教师，我们的目标就是让学生在学习过程中深刻感受到了知识带来的满足感。这种满足感不只是来自于数值层面的成绩高低，更多的是在于让学生深感数学的实用价值，而实现这一目标的最佳途径则是积极推动学生将所学的知识应用到实际生活中去。

在教学过程中，展现优秀的数学实验示范视频给全体学生欣赏，让他们亲身感受数学的无穷魅力同样至关重要。同时，在每个课程之后，教师还应该留下足够的时间让大家进行富有成效的讨论，以便让大家即使在课后也能持续不断地进行深入探究。

五、树立高校学生的文化自信

（一）在课堂中融入科技文化自信

在当今时代，我国在众多领域中的科技成就已超越许多别国的水准，昔日那个落后的形象早已不复存在。科技的持续创新融合催生出一批批崭新的高科技产品，甚至开始攻向国际市场。那些活跃在大专院校数学课堂上的虚拟仿真教室、在线课程学习、知识分享网站以及微型课程视频等等信息化的教学手段和资源，为广大学子提供了极为便捷的自学条件，这无疑也体现了我国在教育领域所倾注的大量精力和热情。这些先进的教育技术工具，都是优秀的教育工作者经过无数个日日夜夜灌注心血精心打造而成，他们是我国大力推进科技与文化深度融合的见证，也是激励每一位学子尽全力掌握数学知识，以期为国家的繁荣富强贡献自己力量的重要动力。因此，如何激发并培育学生的科技文化自信心，已然成为每一位教书育人者不可推卸的重大使命。

其次，在实际的数学课堂教学过程中，我们应当充分发挥这些先进的科技文化资源的优势作用，将这些智能的教学工具的性能最大化地展现出来，使每位同学都能真实地体验到科技的便利性，从而在这样一种新颖的高科技教学方式中受益良多。这种自由开放的网络教育平台使得所有学生均可畅快地参与其中，根据数学课堂教学的具体需求，适时地对自身存在的差异化问题进行全面自查自纠。对于高等教育机构而言，培养学生的指标并非仅仅局限于学术成绩数字的变化，更为重要的任务则是着力引导塑造学生独立自主的学习思维模式。

（二）鼓励学生突破传统思维

当前，高等院校的学子得以在数学教育课堂中欣然接受便捷且开放性的网络教学环境，这背后离不开那些敢于突破自我、突破常规的优秀工程师们的不懈努力和创新精神。正是由于他们的锐意进取和不懈创新，才使今天的数学教育事业呈现出独特的繁荣景象。作为未来可能走上数学相关职业道路或为之奉献终身的教育工作者来说，仅仅依赖固有的知识储备和思维习惯显然无法保证持久的竞争力。唯有不断创新、突破自我，方能在瞬息万变的社会中立于不败之地。在校求学阶段，我们常对个人学业成果怀有过分看重的心态。然而恰恰忽视了一个事实，那就是个体的社交能力并不能仅凭班级排名得以体现出来。事实上，每一位学子必将踏入社会这片广袤天地，因此尽早养成创新思维习惯，无疑就能更快地适应当前社会的快节奏生活，从而更好地生存下去。

基于互联网技术构建的高等院校数学教育模式，彻底颠覆了传统教育体系中的诸多环节，使得教师能够更为高效地运用网络中的优质教学资源，摒弃传统的授课模式，丰富课堂教学的内涵，增强互动性，提升教学质量，从而强化教学内容与教学方法的创新性。此外，这种新型方式也有助于拓宽学生的眼界，激发其学习兴趣与动力，贯彻以学生为主体的教育理念，巩固教育核心宗旨。借助互联网技术的助力，高等院校数学教育研究取得显著进展，优化了课堂效果，大大提高了学习效益。这类新型教学模式推动着课程改革以及素质教育向前迈进，开创了独具特色的教学途径与策略，为教师提供全方位的教学支持，为学校的发展保驾护航，为学生打造自由宽松的教学氛围和学习环境，鼓励学生探索多种学习途径，发掘自身潜力，实现人生价值最大化。

六、“互联网+数学”教学流程及实际教学成果

（一）“互联网+数学”教学流程

在这个关键而又至关重要的教育阶段中，教师应当首先以业界标准为导向，精心策划并实施适当的教学主题，同时在不断完善的互联网环境下发布富于生动直观且易于让人理解的教学材料。这样不仅能激发学生自发参与到详尽的知识探讨中去，更是培育了他们更深层次的学习兴趣。除此之外，教师还需针对广大学生提出针对性的问题需求，要求每位学生在深度研读教材之后，能够准确解答这些问题并及时反馈自己的独特观点。如此一来，能够有力地推动学生预先进行全面的课前准备工作。对于这种重在实践的教学环节，教师必须具备扎实深厚的专业知识基础和熟练精准的计算机与互联网信息操作技巧，以便能够把这些高科技的应用方法科学而理性地融入到数学课程的传授过程中，使原本显得隐晦深奥的理念变得更加深入浅出。

在正式进入实际的学习阶段后，教师应精心策划明晰的学习目标和强大的资源配置战略，引领学生们接受有针对性、富于挑战之自我开放式学习。简言之，学生们应依据规定的学习内含及待解决的难题（由教师统一发布），充分发掘图书馆和网络中的有效资源，

通过自觉调研、剖析和解决相关问题，成功实现对所学知识重点的深入理解与掌握。这种有意推进的发现式学习不仅能极大拓展同学们的学术视野，强化他们的独立思考能力，还在相当大的程度上有助于催生创新思维的萌芽。然而，基于每个学生的学习状况都存在一定的个体差异性，因此，当面临需要自主探索学习的特定领域时，有些学习实力较弱的学生会感受到困惑和迷茫。在此情况下，身为教育工作者的我们更应重视学生们的反馈意见，用心聆听他们的疑惑处，针对不同层次学生的学习特性和水平差距，有针对性地归纳出实际结论，然后根据这些考察报告，布置切实可行的下阶段教学方案，旨在进一步提高学生们在自主学习、信息整合和问题解决等多元方面的探究能力和实践水平。

在课堂讨论环节，教师需要基于学生的反馈信息来适时地调整教学布局，灵活运用各种适宜的教学手段以解决学生疑惑。在这个环节中，我们注重的是培养学生的实际操作能力。此外，教师还应关注学生的自主学习状况并定期检查，通过课业讨论，谨慎评估学生对于核心知识点的理解和掌握程度，从而精心提取、推广、解答相关的教学内容。为了巩固学习成果，可以采取线上线下相结合的方式布置学习任务。而且，通过这一系列的教育活动，学生可以自查失误和不足之处进而调整自己的学习策略；而老师则可以了解到学生的自主学习实力以及他们的学习动态，有利于编制更科学合理的教学方案。

课后的反馈机制也是必不可少的一环。每个学生的学习水平和态度各异，对于教师讲解的课程内容的领悟能力也存在差异。因此，学生在复习和完成作业的过程中难免会出现各种各样的问题，这就要求教师要能够及时给予回答。然而，由于高等院校的课程安排比较紧凑，有时候无法立即解答每一位同学的问题。但是，借助于互联网时代背景下的网络交流工具，我们可以更加便利地实现教师和学生之间的交流以及学生的反馈。通过设立专门的网络平台以及论坛，给学生提供一个互动的平台，以便他们在课后遇到问题时有地方可以互动解决。针对平台上被大量学生反映出来的具有普遍性的难题，教师可以在线发表相关解释和答案。至于个别学生的问题，则可以单个解决。这样既能确保学生的学习过程保持良好的连续性，同时也便于教师随时随地解答学生的疑惑，提高整体的学习效率。

最后，教学评价是一个完整的教学过程中不能忽视的重要环节。它不仅包括学生对于教师教学过程及其结果的评价，还有老师自身对于教学工作的反思和总结。在一个阶段的学习结束后，学生需要根据老师在授课过程中所呈现的知识系统以及课堂教学的实际效果给出客观的评价。同时，也要结合日常学生的反馈信息作为老师课程改进的参考依据，为未来的教学和学习提供有益的改进建议。与此同时，教师亦需要对学生的学习态度和成效作出全面、公正的评价，以便及时掌握学生的学习情况。通过教师的悉心指导，帮助学生寻找合适的自主学习方法，从而取得更好的学习成绩。

（二）实际教学成果

为了验证本章所探讨的面向互联网+的高等院校数学教学策略的实际应用价值，我们特意选取了计算机科学专业的两个班级作为样本进行试验，其中A班共有58位同学参与，B班则有55名同学参与，这些学生被纳入到了我们设计的高等数学教学方案之中。经过一个学期的教学实践以及后续的深入调研，我们得出了以下数据结论：超过七成（76.7%）的学生表示，这种新型教学策略对于他们学习高等数学产生了显著的有益影响。具体来说，主讲教授会针对特定课题发布详细的参考材料，进而有效地促进学生们的自主学习热情。这样，学生们就可以根据自己的时间安排，借助丰富的教材资源，随时随地进行自我提升，以此达到逐步积累知识的目的。与此同时，相较于未采用该教学策略的对照组学生而言，接受了新型策略培训的实验班学生，不仅展现出了更高的自学能力，而且其学业成绩也有明显的进步。此外，专业授课老师也指出，在教室环境下运用该教学策略的课堂上，师生间的互动氛围更加浓厚，课堂教学的有效性也因此得以显著提升。总的来说，互联网+技术在高等教育领域的深入影响是不容忽视的，而本章节的重点就是研究如何将互联网有效融入到高等数学教学过程中。我们以培养创新性和实用性兼备的高素质人才为核心目标，深入分析学生们的心理特征和互联网带来的便利条件，在此基础上，我们对传统的高等数学教学范式展开积极革新，充分结合信息科技的优势，全方位提升高校数学教学的理念、手段和评估标准。这样一来，我们就能实施个性化教学，进一步增强学生的自主学习能力，并提高授课老师的教学效率和质量。值得一提的是，在高等学校的数学教学中引入互联网教学工具，无疑极大地提升了学生的学术水平和自主学习能力，并取得了显著的教学成果，这种做法有力地推动了现代高等教育体制的改革，同时也展示出了其极高的应用价值。

第四节　高校数学文化教育

高等教育，特别是大学阶段的研习，涵盖了更为广泛且深入的学科领域，课程设置具有高度专业化特性，各种知识都有很高的技术门槛。作为这些课程体系中的一部分，数学课程由于自身所具备的深厚理论基础以及极度抽象的特点，成为了许多学子们在大学生涯中难以逾越的障碍。因此，数学课的教授，绝对不是仅仅停留在理论层面上进行枯燥无味的说教，我们更应该尝试引介数学文化的神奇魅力，使授课方式从单调乏味的理论灌输转变为多元多彩的文化传播，以此驱动整个教学活动不断进步并走向繁荣。在此背景下，从事数学教育工作的我们，必须深刻认识到数学文化的丰富内涵，并且努力去发掘它，理解它，甚至从多个视角来审视它，抓住其中最核心的部分，将这种宝贵的数学文化元素融入到各大高校的数学课程教学过程中去，以此达到数学教学形式的革新与提升，使之在新时代背景下更好地展示出教学成果。

一、数学文化的内涵解析

数学本就是一种独特的文化现象，然而在现今的教育环境下，我们仅仅停留在对其纯粹理论性的知识传授上，却忽视了其中所蕴含的丰富的人文内涵。因此，有必要强调将数学文化深度融合于教学过程中的重要性，这成为了未来教育发展的必然趋势。至于如何深入理解并掌握数学文化，我们可以从狭义以及广义两种不同视角进行阐述分析。

（一）狭义上的数学文化

从狭义的视角倾瞩，数学文化所囊括的范畴显然有限，主要聚焦于数学理念、数学策略、数学观念、数学表述方式、数学道德规范等方面，同时更包括了这些思考模式、操作手段、观感解析如何构建产生及演进演变的历程。例如，广为人知的数学理论，如数形结合主义、函数思维方式、类推理解等，便是深入解读并掌握这些数学文化的重要源头。再者，在数学领域里，还有一些特殊的表现形式，即各种严谨精确的语言，用以揭示数学关系或者呈现数学逻辑之精妙复杂之处。为了增进学生对上述数学文化的认识及理解，对于这些独特的学习资源，在教学环节中实际上具有极高的必要性。特别地，对数学方法学和数学哲学的深入了解和掌握将极大提升学生的研究能力和求解问题的本领，进而助力他们在数学学科的研读中获得卓越的学业成果，有效跨越学术道路上的众多挑战。

（二）广义上的数学文化

对数学文化的深度把握，不仅局限于其狭义层面的具体内涵，同时也应扩展到其更为宽泛的理解维度。例如，众所周知，众多杰出的数学巨匠们，他们的思想智慧及学术贡献，为数学领域奠定了坚实基础；数学的繁茂历史脉络所展示出的独特魅力与深厚底蕴，足以激发学生无尽的探索热情和学习动力；数学的审美价值观念及其背后深藏的美学元素揭示，能引领学生领略数学艺术的真谛，进而激发出更为强烈的求知欲望。另外，数学学科与现实社会之间错综复杂的交互影响，如数学发展历程中所体现出的科技与经济的紧密联系等，均可被纳入更为全面的数学文化范畴之内。以此而言，广义视角下的数学文化所囊括的知识体系可谓异彩纷呈。

总之，数学文化具有狭义与广义两个层面的深层含义，其内在价值极其丰富。然而，结合教学实际情况来看，鉴于课堂教学的时空有限性，无法遑论毫无节制地容纳所有数学文化元素。因此，亟需进行取舍和抉择，筛选出最具重要意义且能发挥积极影响力的部分，特别是那些有益于提升学生综合素质的数学文化元素，将之充分融入教学过程之中，以进一步推进教师的专业化水平提升及学生的学业进步。

二、数学教学渗透数学文化的意义与原则

（一）意义

在高等教育领域中，将数学文化深层次地灌输至数学教学过程中具有巨大且多元化的利益价值，这也成为了开展深入化数学文化教育的坚实基础。首先，数学文化的深度融合，使得数学课堂教学内容得到了实质性的扩充和丰富，进而有效激发并满足了学生们强烈的求知欲。然而，单一的理论学问宣讲往往会使学生感到沉闷枯燥，但如果教学过程中能够融入数学思维方式、解题技巧以及历史典故等元素，便可极大程度地弱化教学活动的单调感，使得教学活动变得更加丰富多彩、充满吸引力。其次，数学文化的全方位灌输，有助于全面提升学生们的综合素质水平。对于每一门课程，都有其特定的核心素养要素，这既是学生需要掌握的重要内容，也是他们未来成长发展不可或缺的素质。数学文化中的诸多内容，都与数学核心素养紧密相连，例如一些数学思维方法，便与数学核心素养的构建有着高度的吻合度。因此，将数学文化融入到高等教育数学教学大潮中去，无疑可以有力地推动学生们核心素养的生成和发展。最后，数学文化的深度传承，有利于加强学生们对数学课程内容的深化理解，深刻领悟数学课程与其它专门课程之间的内在联系，从而促使他们端正自己在数学学习上的正确态度，稳步培养出知识迁移应用的综合能力，将数学知识巧妙运用于其它专业课程的学习实践中，从而推动个人技能与素质的全面提升。

（二）原则

为了深入实施数学文化教育，仅仅依靠简单地在课堂中引导并不足以实现预期的成果，我们必须牢记并遵循若干重要准则，基于这些指南去构建数学文化教育体系，才能确保达到理想的成效。首先，我们必须清晰明确地认识到主次关系。尽管数学教学与数学文化教育紧密相连，但两者之间仍存在着主次之别。就数学教学活动本身的本质来看，它应当占据主导地位，而数学文化教育则应作为这个主导核心的补充性客体。因此，在实际教学过程中，我们须合理处理好主次关系，突出数学教学的主体地位，切不可出现本末倒置的现象。其次，维持密切联系至关重要。数学文化内涵丰富，而课堂中所传递的数学文化内容需要进行适当的遴选与取舍。为此，我们应尽力使所择数学文化与教学主题互相匹配，以此催生积极的反馈效应。反过来说，若选择的数学文化与教学内容未能形成紧密的联结，那么它可能会影响到整个教学活动的顺利推进。最后，多元化的方式方法是必要的。我们不仅需要采用多种不同的手法和途径将数学文化融入数学教学之中，同时还需保持这种融合的新鲜感，从而使得教学活动始终充满创新活力，进而实现数学教学和数学文化教育的完美结合。

三、数学文化渗透于高校数学教学当中重要作用

（一）有助于调动学生积极性

在部分学生的视角中，数学被视为难以理解且过于严谨和生硬，课堂授课方式往往显得单调乏味，缺乏创意和灵活性，而这种频繁的习题演练和对已有的定理进行反复证明的方式，无法带给他们足够的学习热情。因此，妥善处理好数学教育中的观念问题、积极引导和激发学生的学习积极性，并帮助他们合理地把握数学精髓，便成为了每一位从事数学教育工作的教师们必须深思熟虑并亟待解决的问题。在日常课堂教学实践中，适当地向学生拓展相关的数学文化知识，能够极大地提高学生的探究兴趣和好奇心，从而有效降低学习难度。例如，在讲解数学公式以及定理的推导过程中，适时地带入数学家的生平经历和学术环境，推测数学概念产生和发展的缘由，甚至提出一些富有历史感和现实意义的实际问题，这样不仅可以提升课堂气氛的活跃程度，让学生觉得更为生动有趣，大幅度降低那些看上去高深莫测的数学知识的抽象性和距离感，也有助于开阔学生的视野，培养他们的

发散性思考能力，充分挖掘并发挥其创新潜力，使得学生从内心深处感到数学并非那么呆板枯燥，而是充满了乐趣和启迪。就如同我国著名的院士王梓坤曾经提到的那样，数学教师的重要使命之一便是培育并激发学生的学习动力，这实际上等于赋予他们更大的潜能去深入探索数学领域。优秀的数学教师总能留给学生最为深刻难忘的印象，之所以如此，正是因为他们成功塑造了学生对数学学习的热爱。

（二）对学生逻辑思维的培养

随着我国的义务教育逐步从应试教育向素质教育转变，我们不禁要探讨一下什么才是真正的数学素质。通常而言，数学素质包括了思维能力的培养，如运算、空间想象和逻辑推理等方面的能力。值得强调的是，其中逻辑思考能力是关键中的关键。现代的数学理论明确指出，在数学教学过程中，学生应该作为学习的主导者，我们应当注重激发他们的发散性思维，并且教导他们如何有效地理解和掌握各种数学方法。相信大家都听说过，“思维从思想中锻炼出来”这句话，它意味着数学对于人类思维发展具有重要的影响和价值。然而，必须得承认，尽管数学中有许多具体的知识难以直接运用于我们的现实生活中，但其对于思维训练却能实实在在地为每一个学习者带来益处。因此，尽管不少学生可能不会选择与数学相关的职业，但他们所掌握的严密逻辑思维将在未来的学习和工作中发挥着至关重要的作用，无论他们所从事的职业是什么，数学都将给他们带来巨大的助力。

（三）对学生加强创新有利

纵观各个学域的深入研究和进步发展，都离不开创新思维的驱动。同样，这一原则在数学领域内也是不可或缺的元素。例如，我们从有理数开始探究，拓展至无理数、实数以及复数的范畴，以至开展到数量繁多的群论体系，所有这些都是基于一定的理论框架实现的。因此，数学被赋予了创新性艺术家般的称谓。在教学过程中，我们应着力引导学生积极挑战传统观点，敢于提出与众不同的见解，追求不断创新，为各种未解之谜提供新颖独特的解决方案。

（四）对学生精神品格培养有帮助

日本学者米山国藏明确表示，在涉及科学领域的职场中，工作人员并非需要具备过于精深的数学知识，相反，他们更应关注如何通过高速旋转的大脑来推动数学研究和创新。

而无论是何种领域的职业选择，数学思维及其精神内核，以及探究自然规律的科学方法，都将使其终生受益良多。犹如《西方文化中的数学》中所揭示的那样：数学被视为一种源于理性精神的产物，正是这种精神力量激励了人们不断进取，同时它还深刻地影响了人类社会、物质及道德生活面貌，成为了我们寻找及解答关于人类自身诸多疑问的重要工具，使我们可以依靠自身的努力去改变和理解大自然，尽全力去探索知识的本质与深度。

（五）有助学生对学习方式的改变

新课程标准倡导的是深度体验式学习，协同性学习以及自主式学习，尤其是对于数学这门学科来说，其文化内涵并不是仅仅通过简单地阅读数学书籍就能完全理解和运用的。因此，数学文化的理解和运用必须基于学生原有的能力和知识基础，通过他们自身的主动学习才能逐渐领会。在教学过程中，教师应当有意识地向学生渗透数学文化的理念，引导他们通过自己的研究和探索，不仅要理解数学文化的基本概念和原理，还要将这种文化融入到实际问题的解决之中。同时，教师可以借势引导学生培养动手实践、积极思考的良好习惯，使得他们在学习过程中能够更敏锐地发现问题、提出问题并尝试给出答案，这样能够更好地促进学生对知识的自主探究和应用。综合而言，只有当我们在教授数学文化时，时刻关注并调整学生的学习方法，让他们完全成为学习的主体，才能真正实现数学文化的深度融入和创新。

四、高校数学教育教学中数学文化渗透的条件

（一）教师的授课能力

教师在提升授课能力方面，可划分为两个重要阶段——入职之前的学习阶段及入职之后的培养阶段。在入职之前的学习阶段，教师将接受关于师范教育理论以及专门学科领域知识的全面培训。身为教师，必须始终以严格标准自我约束，对自身专业知识水平与综合素养提出高要求，方能充分胜任传道授业之重任。在招聘过程中，各大学校不仅要重视应聘者所具备的专业技能，同时也需深入考量其个人品质。然而，成为一名合格教师并非任务完成的标志，而是一个持续进步的过程。我们的成长并非直线式的阶段性进程，而是在日复一日的努力中不断积累质变。不应误以为找到一份工作便可一劳永逸，而应在职场生涯中持之以恒地提升自身能力，保持不断学习、调整自我的状态。作为教师，进入该职业

领域后，必须时刻关注并追踪时代发展的最新动态，深谙现行教育理念。教师应当在这个持续发展的过程中，逐步领悟教育教学生命力，为知识的传承延续奉献力量。

（二）学校的硬件设施

针对学校所需的基本软硬件设施，旨在为各类教育与教学活动搭建优质的运作环境以及相应的机遇。参照此类需求，塑造一种深入推进高等院校数学教育教学中融入数学文化的学风环境，这背后的核心原因在于，学校需全力引导、安排并落实一处专门供师生们立足于此，着力研究和探讨如何在高等院校数学教育教学中深度融合数学文化的场所。在此建设目标上，学校可根据自身情况采用多样化的手段进行课程设置及教学规划。以下列举几个较为简便易行且广泛适用的措施示例：例如，学校可积极组织成立以讨论和分享数学文化为主旨的社团，以便更为有效地推广校园内的数学文化氛围；再如，学校还可视具体环境，精选与数学文化相关的文献资料及教辅资源放入图书馆中，使广大师生有机会亲身体验和感知这些珍贵资料，从而为专家学者及年轻学子全面理解和掌握数学文化知识提供绝佳的机会。更为重要的是，无论是哪种形式的活动策划，学校都应视其为教学战略的有机组成部分，而非随意敷衍的环节。

五、数学文化渗透于高校数学教学当中对策

（一）注重多元教学方式的运用

在教学过程中，对数学文化知识的传授不仅需要选择更为灵活且多元化的教学模式与其相匹配，还需结合适当的教学内容。我们可斟酌采用主题活动或讲述小故事等多样化的教学方式，并致力于将其全方位地融入到整个教学程序之中。我们鼓励学生运用不同的策略搜寻资源，并以书面的形式展现成果——即数学论文。借助诸如各类方式的实施，学生们能更加自发地投入学习过程，并且灵活自主地进行探索式学习。

（二）对数学发展过程予以展现

向学员详细阐述与授课内容紧密关联的背景信息，这对于深化教材中的知识理解有着显著的裨益。学员对所学知识成因有了更为深入的了解，使得原本抽象、难以捉摸的数学理论不再晦涩艰深，也就从根本上消除了学习数学时可能产生的畏惧情绪，从而使其在面

对数学学科时能够产生更深沉、更亲近的感情。数学不仅是一种创新精神的表达，同时也需要我们持续地去挖掘它的深度和广度，因此，数学教学应当注重对探索过程的反复展示，让学员亲身经历知识成长的全过程，这对于他们拓宽思想视野、增强文化素养有着深远的影响和重大的意义。

（三）注重阐明数学思想

在深入了解数学教育所起的重要作用时，我们不仅仅将注意力集中在学生如何逐步掌握各种数学知识上，更为重要的是要着力培养和提升他们的思维灵感和创新能力。通过这种方式，我们能够进一步推动学生对数学文化素养的深度理解和把握。米山国藏曾明确表述过："数学成功教学，实际上是让学生深刻感受到并深深认同数学方法以及背后的逻辑精神，并且这些观念能够对他们日后日常生活和职业生涯产生深远而广泛的影响。"对于所有涉及到的概念性问题，如果能够带领学生将其置于特定且广阔的文化背景之中，并从形成过程、方法技巧及其内涵扩展等多个角度加以解释，那么学生们学习数学的难度无疑将会得到极大程度的降低。

（四）对数学史的合理引入

数学作为一种思维方式，其内蕴的精神特质主要体现为创新、探索以及求实三个方面。这种精神特质在克莱因看来，实际上也颇具理性色彩，能够激发深入思考和深度反省。而数学作为一门高度抽象性质的学科，其所固有的特性使得许多问题得以轻易地得到解决。如著名的科普作家贝费里奇在他的著作《科学研究的艺术》中提到，每一位著名的科学家们总是具备坚韧不拔的无惧挫折的毅力，正是他们的不懈努力创造了无数的科研成就，同时他们的研究工作也往往历经千辛万苦，需要依赖强大的勇气和毅力才得以战胜。

在教学实践过程中我们发现，虽然学生在学习数学的过程中可能会遇到困难，但是这并不意味着他们会丧失对数学学习的信心。如果教师在教学中能够把数学史纳入课堂教学环节，通过对数学家们的生平事迹以及历史文献的解读，让学生明白他们今日所学的数学知识乃是众多前辈们顶着艰辛汗水的付出换来的。如果能够让学生深刻认识到每一份知识的每一滴累积都来自于辛勤的劳动，那么他们必定会加倍珍惜这份知识，并用更多的热情投入到学习之中。

例如，在教授某些如大数定律之类的知识点时，除了严谨的理论论证之外，更应强调伯努利的钻研精神。在高等教育阶段，数学教学不仅仅是数学知识的传授，更为重要的是人格品质的培养，使学生在面对问题时拥有更多的毅力和恒心。学术探究过程中的失败与成功，激发了学生积极探索、勇于尝试的精神，帮助他们建立起对困难的临危不乱的勇气，以及坚定追求目标的决心。因此，高等院校的数学教学不仅是数学知识的传授，更是对于个体人格塑造有着深远影响的教育。

（五）对数学文化美学价值进行挖掘

数学美的重要性不容忽视，它不仅作为数学文化中的重要组成部分存在，也是人类思维与外界世界相互沟通交流的桥梁，更是审美教育价值的充分体现。这种教育意义不仅在于提高个人综合素质，更强调引导人们拥有积极向上、乐观进取、追求真理、踏实做事等美好品德的培养。整个教学过程其实就是一场带领学生欣赏数学美、理解美的旅程。举个例子来说，数学中的算术操作、数字及其符号的表现形式都展示了简单明了的美，而命题的表达方式及证明过程中，数学逻辑体系同样展现了出色的美学特征。在几何图形的领域中有很多关于对称性的例证，如点、线、面间的对称关系等，这其中无不流露出数学的深邃艺术魅力，并且几何学本身就重视和谐统一的思想，各个元素之间试图寻求美的融合与体现。奇异性美的概念则更加明确，它能够激起人们的好奇心，促使他们有强烈的欲望去探索数学的奥妙所在。因此，教师应重视提升自己的美学修养，从而能对学生起到更有效的引领作用，帮助他们学会欣赏数学之美，进而激发他们对数学学习的热情和动力。在此基础上，学生们得以通过领略数学美的精髓来陶冶自己的情操，实现寓教于乐、轻松学习的理想状态。如果遇到某种数学现象尚未明显体现出美感，我们便可有针对性地对其进行适度调整，使其既能满足现实需求又能进一步散发出美的气息，达到创新的高度。这种方法便是所谓的“补美”策略，实质上就是生成或创造数学美的一种实践途径。

综上所述，高校数学课程教学途中要想对数学文化进行充分的渗透，最首要做的事情便是对教师数学理念与素养予以提升，对课程内容进行优化配置，展开多种教学途径，这样行之有效对学生学习兴趣与积极性予以正面影响，还要对数学史做有效代入，将数学精神全方位体现出来。此外，高校老师教学过程中也需要培养学生善于发现数学美的眼睛，给学生一种很好体验感受，唯有如此做方能让学生在学习数学时体会数学文化博大精深，进一步使学生文化素养能够得到质的升华。

第五节　高校数学德育教学

高校需要为学生培养出高素质的人才，教书育人是高校的重要责任，德育则是高校育人工作中非常重要的方面，将德育在高校数学课上渗透，可以让学生形成良好的道德品质，并让学生的素质有明显的提升，促进学生的全方位发展。

一、问题的提出

古人曾经有过这样的智慧："师者，传道、授业、解惑也。"这句话深刻地阐述了教师的核心职责和使命，简单来说，就是教导人们关于人生的真谛，教授实用的知识和技艺，引导人们解决生活中的种种困惑。然而，在当前这个追求高效的时代，我们往往过于关注那些显而易见的成果，如教师的业绩评估主要依赖于其所指导的学生取得的奖项级别；而衡量学生成长的标准则多以他们的考试分数为准。这种现象导致当前的教育环境过于侧重于知识和技能的传授，而忽略了对学生道德品质的培育。更为严重的是，教师的另一项重要任务——解答学生的人生疑惑，并没有得到足够的重视，实际上，这才是教育的基础和重心。道德的养成需要长期的努力，无法在短时间内看到明显的效果，这使得道德的重要性常常被忽视。由于忽视德育，部分学生的不良思潮与行为得以滋生蔓延，如一些顶尖高校的优秀毕业生从事高端科技犯罪活动，许多学生的人生规划模糊不清，甚至缺乏正确的人生观念，自私自利、冷漠无情、盲目追求奢华享乐等现象泛滥，价值扭曲、道德不分更是屡见不鲜。如果任由这种情况继续下去，必将给整个社会带来灾难性的影响。

最近，习近平总书记提出了"八荣八耻"的国民道德基本要求，这无疑是非常适时且必要的行动，为我国全体民众提升道德水平指明了具体的方向和目标。只要每个人都能够践行"八荣八耻"的理念，社会的和谐稳定和进一步发展就得到了强有力的支撑，普通大众的幸福生活也就能得以保障。当然，这对于我们所有教师来说，也意味着新的挑战和责任，我们必须坚守我们的岗位，认真履行这一道德观念的传递和普及义务。首先，我们每位教师自身要有充分的认识和理解，以此作为自身道德修养和提高的基石；其次也要引导和协助学生理解并付诸实践，我们作为人民教师，理当服务于人民，为构建和谐社会尽职尽责，这正是我们的职业使命和职业生命所在。道德教育并非仅仅是学校领导、政工干部以及政治学科教师的职责，我们数学教师亦负有不可推卸的责任。那么，在数学课堂上，我们应当如何有效地进行道德教育，使其真正融入到日常教学实践中？对此，笔者特此尝试探讨并发掘数学课堂中的道德教育可能性，这既有助于我个人的道德塑造和修为提升，也期望能引发更多同行的思考和探讨，共同为人类文明史上最为重要的事业——教育——做出我们应有的贡献。

二、高校数学课上渗透德育的重要性

首先，将德育贯穿于高校数学课堂之中，这无疑顺应了当前全球高等教育水平日新月异之发展潮流与趋势。从更为宽泛的角度来看待这个问题，实施德育的核心目的便是在于激发社会各层面人士在道德观念、思想境界及政治立场等多领域的自我意识和自主学习能力，从而达到全面发展的顶层设计。在这个过程中，我们需要关注社区和谐、社会进步以及家庭和睦等诸多因素，而从狭隘的意义上来讲，德育则将重点专注于学校教育实践，努力在各类学科知识的传授过程中融入德育元素。值得注意的是，高等教育机构始终是广大青年学子追求学术知识、健康成长的主要场所，这使得他们源自不同地区、多元文化的社会背景和生活经验，共同构成了我们今日所看到的丰富多彩的大学生活。面对这样的现状，适时在高校内部推行德育显得尤为必要。素质教育一直以来就备受推崇，它旨在使每一位学生都能够均衡地发展为具备综合素养的优秀人才，这正是现代教育事业的核心目标。而德育则恰恰是实现这一宏伟愿景的关键环节，教育机构迫切需要将其落到实处。可惜的是，大多数学科都未能积极探索和践行德育教育融合之道。高等数学作为各大高校课程设置中的重要组成部分，更是基础性、重要性的前置课程，其在整个教育教学体系中所占据的地位举足轻重。因此，在高校数学课堂中积极践行德育策略，便成为了新时期学生成长发展的迫切渴求。尤其在当前的高考现实环境之下，传统教育模式对于德育往往视若无睹，刚刚步入大学殿堂的年轻学子们，面临着全新的校园生活环境和挑战。在此情况下，教师们有责任在这些尚未建立完善世界观、人生观和价值观的青年们身上施加影响，强化引导作用，使他们得以健康快乐地茁壮成长。随着全球经济发展步伐逐渐加快，社会对人才素质的要求亦随之水涨船高。现如今，我们所需的人才不仅要具备扎实的理论知识和操作技能，还要拥有高度职业操守与诚实信用的优良品质。

三、德育在高校数学教学中渗透的原则

1. 有机融合原则

在中学数学课程中，为了有效地灌输道德品质教育，我们需要将德育的纲领性指引与中学数学教学的核心内容紧密联动，使得德育的经典法则得以有机融入到中学数学教学之中。中学生数学教学主要涵盖了代数和几何两大部分，这些课程主要涉及的是各类理论知识和解答技巧的传授，因此，教员们在教学过程中必须深刻洞察道德品质教育与中学数学教育之间的深层关联，譬如说，他们可以选择那些与数学密切相关的节点来对学员进行道德品质的宣传，使学员能在无形中受到道德品质教育的熏陶。

2. 循序渐进原则

无论在道德品质教育还是教学过程当中，循序渐进原则都是普遍适用且至关重要的。这一原则尤其体现在不同年龄段学生的心理认知领域，高校生与小学生 、初中生的兴趣爱好以及思维方式呈现出显著的差异，这决定了教师在传输道德理念时应遵循渐进性的原则。使得学员们能够轻易接受并理解道德理念，而并非在学习过程中对此产生抵触情绪。为达到最佳效果，教师应当根据实际情况有针对性地实施道德品质教育，针对相应的学员群体进行深入的价值观宣传。

3. 情感运用原则

不论何种学科的教学，在进行道德品质教育的渗透过程中，情感因素无疑起着举足轻重的作用。对于这种情况，教师应有意识地在自己的教学实践中加以利用，在教授数学知识的同时，引导学员将情感因素注入其中。通过这样的手法，学员会更愿意全身心投入课堂教学中，将原本单调乏味的数学知识转化为生动活泼的学习体验，例如在讲解数学原理的背景故事或者数学发展历程的时候，适当引导学员关注到背后的意义和价值，从而更有动力去探索和掌握数学知识。

四、如何结合数学教学进行道德的宣传和培养

（一）通过榜样的教育、鼓动力量来进行德育渗透

在 1993 年，由联合国在我国主办的“面向 21 世纪教育”国际研讨会曾明确指出，当

前世界面临的首要挑战并非是新兴科技革命所带来的变革，而是道德价值观念的重建与提升。而我国伟大的哲学家孔子早在《孝经》中早已阐述明晰：“若是不能深深地爱自己血缘相近的亲人，而去爱别人，那么这行为就是违背道德伦理的；同样的，如果不能真诚地尊敬自己的血亲，却只对别人表现得非常恭敬，那也是违反基本礼仪规范的。”所以，对于教育工作者来说，促使学生树立正确且先进的道德观、荣辱观，并非仅仅只是空泛无力的口号，而是必须通过实践行动来体现的，只有在校时怀着对待父母、长辈的敬拜之心和谦逊原则，才能在走出校门步入社会后成为一名合格的公民，奠定坚实基础。我常在课堂讨论中引用《中华德育小故事》里的典型案例，涵盖了古代流传至今的二十四孝佳话，亦包括当代名人的孝道成绩以及现实生活中的真实孝顺例子。毕竟，孝道乃百善之首，诠释出真正的孝心，便意味着他已经朝向道德卓越的道路迈进了重要的一步。

除此之外，我们还可以向学生普及众多丰富多彩的爱国主义教育素材，例如在我国古代数学思想宝库之中，祖冲之发现祖氏定理远较其他国家早了整整1100余年，数学天才刘徽首次提出了独特的“割圆术”理论体系，科学合理地计算得出了圆周率3.14的精确值；另外杨辉发明的“三角阵”足足提前了法国佩尔沙大学学者帕斯卡的“帕斯卡三角形”理念500多年；还有孙子定理的精辟论述等。同时，我们也可以深入解读为何教材中的大多数数学定理都被赋予了外国学者的姓名。这些充满深度和内涵的数学历史知识能够激发起学生们强烈的民族责任感和民族忧患意识，引领他们树立起热爱祖国、全力发展中华文化并开创美好未来的宏伟理想，以及为科学事业无私奉献的伟大精神。

根据心理学的研究成果，榜样对于青少年群体具有极为深远的影响力和感召力，尤其是优秀事迹和感人故事更能启发学生确立崇高理想，点燃奋斗激情。因此，在教学过程中，我时常选取一些数学学家的感人至深的故事进行讲解，让学生们了解到著名数学大家华罗庚先生由于幼年没有得到良好的学校教育环境，但依靠着锲而不舍的勤勉学习和刻苦钻研，最终无师自通，成为了享誉全球的杰出数学专家；还有数学巨匠陈景润先生始终坚韧不拔，全力攻坚，终于在破解国际数学难题——“哥德巴赫猜想”的旅程中独占鳌头，这些珍贵的素材无疑有助于学生形成“以热爱祖国为荣，以危害祖国为耻；以服务人民为荣，以背离人民为耻；以崇尚科学为荣，以愚昧无知为耻”的先进荣辱观，培养国家荣誉感和社会正义感。

（二）通过教学情景的创设及时进行德育渗透

在数学领域中，许多重要的知识点都蕴藏着深刻的世界观教育内涵。我们作为教师，只需要投入足够的心思进行思考，便能够在数学课程教学的过程当中，引领我们的学生们找寻到道德教育与数学知识之间的紧密联系。事实上，无论是场景还是内容，道德的精神无处不在。

面对数学难题时，每个人都可能会产生不同的态度和做法。意志力稍显脆弱的人群通常会选择畏缩退让，缄默不语；意志力尚且一般的人则会尽力尝试着进行计算，当算不出答案或者无法自行解决问题之时，他们会向老师或者其他同学寻求帮助；而对于那些拥有坚定意志的人们来说，他们会坚持不懈地从失败中吸取教训，不断进行研究和探索，直至得出精确的答案。

在这个求解的过程中，由于自身已投入大量人力物力，对于问题的深入理解和咨询他人所得出的结论必然有所差异。这样的学习历程不仅能够锻炼学生们的意志力和品德素养，同时也反映了我们应当秉持“勤勉耕耘光荣，怠惰贪乐可耻；克苦耐劳需要被赞赏，骄奢淫逸应当受到批判”的价值观念。

数学理论、公式的推导来源于定义和公理的严格构建，因此数学题目的解法务必遵循定理及公理的规定，否则将无法得到准确的解答。在解题的过程当中，对规则的尊重是毫无疑问的，没有任何商量余地。一旦忽视这些规则的约束，势必要接受“惩罚”。

在现实生活中，我们同样需要在做事前了解规则，这些规则或许涉及到了一系列程序规范、纪律准则以及法规制度等等。数学所揭示出的对于理性追求的理念，在实际生活中扮演着至关重要的角色，可以清晰地反映出“坚守诚信为荣，背信弃义终归为羞耻；遵纪守法是善道常序，违法乱纪必遭社会唾弃”的道德真理。

（三）数学知识与人文精神相结合进行德育渗透

关于“人文”一词最早起源于《周易·贲》中所述：“着眼于天文学，用以洞察时节变换之规律；寄希望于人文研究，以此妥善治理世事天下。”由此可见，“人文”这一词汇涵盖了两个层面的含义：其一在于“人”的探讨，其二则在于“文”的探究，即旨在探求何谓理想的“人”、理想的“人性”以及如何培育这些理想的“人”与“人性”。今天，从本质而言，人文精神的核心就在于强调“以人为本”，主张尊重每个人的独特性，充分肯定人类个体的价值，高度重视文化教育的重要性，以便优化个体的人性品质，提升人的综合素质及精神境界，塑造高尚的人格理想和坚定的道德追求，使得人类得以全面而自由的发展。

仅仅依靠聚集在课堂上获得的数学知识，难免让学习过程显得沉闷和乏味。然而，数学课程所蕴含的丰富人文元素却能够将枯燥的学习转化成为富有挑战和趣味性的科目。数据表明，数学源于我们日常生产与生活之中，恰如其分地运用学生们身边熟悉且亲近的事物进行教学，不仅有助于他们深入理解相关的概念，更为重要的是还能激发学生在学习数学过程中的积极性和主动性。当前的教育体系主要关注于学生掌握基础知识和必要技能、技巧的能力，而涉及到人文层面的因素相对较少，导致学生们在理解数学世界的过程中视野较为狭窄，难以将数学中的基本思维方式运用于解决社会实际问题，也就是说他们无法做到用数学的角度来看待问题。但在新的课程标准中，对于态度、情感和价值观等方面的教育目标的强调，恰恰反映了数学作为一种特殊文化的性质。因此，当我们能够主动发掘并逐渐领会数学中那些蕴含着深厚人文价值的内容、思想和实践方法时，便有可能通过长期不懈的探索和提升，最终达成以数学知识为手段，借此来更好地认识真实世界的目标。

数学作为一种深度关联东西方文化精髓的学科，其探讨问题的视角因文化差异而呈现出诸多形态各异的特质。这些特色即便进行比较，彼此仍能相辅相成地提升我们对事物的认知高度，从而获得超前且深刻的见解。为此教师可以引导学生意识到这一点，借此激发他们去努力吸收来自各个文化背景中的精华，让他们明白“兼容并包”是新时代所需具备的观念和动力。现代化进程中所涉及到的数学应用已深入多种学科之中，甚至包括那些原本以为与数学毫不相关的学科，如考古学及社会学等传统的社会科学领域。而这种现象的出现，正源于数学源自于人类生产生活实践的本质属性，由此决定了其广泛的运用范围。透过数学文化的映射，我们可以明显感受到其中所体现的合作与民主精神，这些都是当今社会建设中不可或缺的元素。在人类社会互动关系之间，可以看出这种精神有具体表现即“每人都在为我服务，而我也是在服务他人”，同时也充分展现“尊重团队协作且唾弃损人利己行为”的新型公民应该具备的良好精神品质及形象。

五、通过教师的道德示范作用提高学生德育品质

身为教师，其言行举止及各个方面均会受到广大学生的密切关注。陶行知先生曾精辟指出：“教师的职责不应仅仅止步于教授学术知识，他们更为重要的责任在于引导学生树立正确的价值观、培养学生优良品行；同样，学生的职责并非仅仅局限于汲取书本知识，而是需要深入领悟人生真谛。”唐朝文学家韩愈在其脍炙人口的文章《师说》中所阐述的老师的首要职责就是传授道德准则。道德素养具有极高的感染力，每一位教师的言行都在

潜移默化地教育着学生。我们的职业使命和生命价值应当体现为“学高为师，身正为范”，致力于成为人格健全、富有爱心的教育工作者，以此来培育祖国未来的栋梁之材。在教育过程中，除了向学生传授学科知识外，更为至关重要的是通过言传身教，使得他们掌握关爱他人的能力。一名道德高尚的人民教师，必须具备坚定且正确的政治立场、高尚的道德情操和强烈的社会责任感。同时，还需拥有扎实的数学专业知识基础、出色的教育教学技能、乐观向上的心态、乐于无私奉献的精神、健康的体魄及勇于自我检讨、追求进步的心灵品质。孔子云：“身正则令行，身不正则令不行。”此话生动诠释了教师德行的重要性。一个具备高尚道德品质的教师必然能够以自己的人格魅力无形或有形地感染并影响学生，助力他们道德水平的提升。当学生的道德品质得到全面提升时，也就意味着整个社会道德水平不断提高的曙光已经到来。这是一项意义重大的事业，理应得到我们所有教师的共同努力与不懈奋斗，不断克服自身固有的不良习惯，努力成为一个道德完美之人，积极响应党中央的号召，为构建和谐社会贡献应有之力，为“弘扬中华优秀文化，构筑中华民族共有精神家园”共同努力。

第二章　高校数学教学的理论基础

第一节　数学教学的发展概论

在当今以科技飞速发展和全球竞争日益加剧为标志的 21 世纪，人才成为关键要素。于是，全球性的教育改革已将培养高素质人才置于中心地位。中国紧跟时代潮流，在全国范围内推动了新课程改革。社会在前进，科技在发展，高等院校作为培育优质人才的基地，数学教育亦须同步适应社会变革。因此，新课程的教育理念、价值观以及内容始终处在动态的改进之中。

一、教学论研究历程概述

数学课程往往使人们误以为数学者只是随手提出一堆定理，导致学生在这无尽定理的海洋中迷失方向。教材对定理的阐述缺乏实感，掩盖了数学探索的曲折与乐趣，这种不完整的体验无疑削弱了学生对数学美的认知。然而，通过数学史教学，我们便能揭示出数学并非尽是枯燥乏味，它充满了前行的活力和独特的魅力。因此，在数学教育过程中，数学史应得到充分体现并展现其重要地位。

（一）东方数学发展历程

古代中华文明中的数学发展，历尽了漫长而曲折的过程。古代中华民族的数学成就令世人为之瞩目，尤其在战国时期更是达到了高峰。其崇高地位无可取代，堪称东亚地区数学研究的重心所在。

先辈们的技艺与智慧在历史长河中熠熠生辉，从结绳记事至书契，再至数的诞生，无不在漫长的探索中积累着精华。春秋时期，祖先们已能书写超过 3000 的数字。随后，加减乘除的概念应运而生。此时的数学知识已经开始被记录在书面资料之中。

而进入战国时代，四则运算已经普及。《荀子》、《管子》以及《周逸书》等文献对此均有所详述。此外，三世纪的《孙子算经》对乘除运算法则做了精辟论述，并首次概括了勾股定理。几乎同时，中国算筹制度正式确立；而算筹算数法在《孙子算经》中有详细记录。

《九章算术》的问世标志着中国数学达到历史巅峰。作为中国首部系统讲述数学的专著，它成为了“算经十书”中最为关键的系列图书。末代至清朝初期，尽管国内战争不断，财政困顿，甚至统治者观念转变，但中国数学并未停滞不前，反而在元朝末期出现了算盘，随之而来的则是众多口诀和相关书籍，使得算盘成为数学历史璀璨的明珠。

16 至 20 世纪初，东西方数学实现交融，留学热潮涌现，代表人物包括陈省身和华罗庚等。此阶段的中国数学呈现明显的现代化特征。自新中国成立以来，虽饱受战乱影响，但数学领域依然取得了显著进展。随着郭沫若发表论文《科学的春天》，我国数学呈现复苏迹象，但与国际先进水平相比仍有差距

（二）西方数学历时发展

古希腊作为四大文明古国之一，所取得的数学成果备受世界关注。各学派推动着数学的进步，如泰勒斯领导的爱奥尼亚学派提出的自然哲学，毕达哥拉斯学派的初级数学以及勾股定理，还有涉及悖论的芝诺学派。位于雅典的柏拉图学派则强调几何学，培训出了众多杰出学生，如亚里士多德，他的贡献甚至超越了自己的导师。亚里士多德创立了吕园学派，并开创了逻辑学领域，同时也为《几何原本》的问世打下坚实基础。此著作被誉为欧洲数学的基石，流传度仅次于《圣经》，采用逻辑推理的方式支配全篇。哥白尼、伽利略、笛卡尔及牛顿均深受该书影响，并在科学领域取得伟大突破。

如今的人们广泛使用阿拉伯数字进行运算。然而需注意的是，伊斯兰教国家创立的阿拉伯数学大约始于 8 世纪，15 世纪开始衰退，但其在一次方程解法、三次方程几何解法和二项展开式系数等方面仍留下显著贡献。在几何学层面，13 世纪的泰斗纳速拉丁将三角分割技术从天文学带入数学，使得三角学成为了独立分支。自 12 世纪起，阿拉伯数学逐渐传播至西班牙和欧洲地区。特别值得一提的是，1096 年至 1291 年间的十字军东征，使得希腊、印度和阿拉伯的文明，以及我国的四大发明得以传入欧洲，促进了新科技时代的来临。

进入 17 世纪，数学发展迎来重大突破。法国思想家笛卡尔引入变数概念，对数学史

产生深远影响；德国数学家莱布尼茨与英国科学家牛顿亦分别独立创立了微积分，推动了高等数学这一数学分支的诞生。

（三）数学发展历程与学科教学实践的综合应用

自古以来，中国采纳算筹进行计算；相对地，西方则采用拼音系统。由于受限于文字及书写工具，各地的计算方式略显差异。希腊字母数系较为简便，体现出排序观念，但在变革方面存在局限性，导致其在实用运算和代数领域相对滞后。然而，随着社会演变，算筹的弱点逐渐显现。由此可见，我们应以辨证视角看待事务变化。自远古时期起，我国便是农业领先国度，数学主要服务于该领域需求；《九章算术》记载的问题多涉及农业议题。而在封建等级制度下，研究数学的群体通常为官员，人民生活趋向稳定，以致统治阶层可能压制创新思维。数学发展与国家荣辱共存，密不可分。在西方，数学文化始终占据关键地位。应对经济发展需求，对计算的要求日益提升，富裕的生活条件使人们得以投入更多理论研究。与东方的“重农抑商”有所区别，西方注重实践操作，推动商业发展，从而进一步促进数学的成长壮大。

1. 了解数学历史有助塑造合理的数学观念

回顾数学史上的认识转折，增长率曾历经从远古的“经验论”至中世纪欧几里得时期的“演绎论”，直至当代将“经验论”和“演绎论”融汇的“拟经验论”。由此可见，数学观发生了本质上的演变，先是柏拉图学派提出的“客观唯心论”，随后发展为数学基础学派的“绝对主义”，最终演变为拉卡托斯的“可误主义”、“拟经验主义”以及现今的“社会建构主义”。

鉴于此，我们所需学习的数学，即教师教授之数学，务必以整体形式呈现，而非离散、孤立的个别领域。数学教师的数学观与其教学理念、授课表述方式及评定标准有着紧密联系，每一刻与数学有关的细枝末节都可能对学生树立正确的数学观念产生深远影响。亦即是说，数学教师的数学观对于学生数学观的塑造起着决定性作用。

2. 学习数学史有助于学生全面理解数学

现行教材因受多重制约，普遍采用定义-公理-定理-例题的编排方式。这实际上混淆了思维表述和实际创新过程，易使学生误解数学似乎只是由定理堆砌而成。这种做法把数学人为地划为各章各节，好似彼此孤立的碉堡，使得各类数学思想间的链接变得模糊不清。值得注意的是，数学历史真实记录了数学家的创意思维活动过程，学生能通过这些了解到数学演进的历程，洞悉各个数学概念、方法及思想的演变过程，从而把握数学发展全貌。这将有助于学生全方位理解自身所学在完整数学架构中的地位与价值，有助于其搭建知识网络，构筑科学体系。

3. 数学历史可激励学生的学术兴趣

兴趣乃驱动学生学习的内驱力，影响其对学习活动的积极性与主动性。若适当时机向同学们分享关于数学家阿基米德的轶事和其他趣味盎然的数学现象，将极大提升他们的学习兴趣。比如，阿基米德因专注数学探索而全然忽视死亡威胁，直至敌人持剑逼近，仍请求稍候片刻以便继续进行未结题目的证明。再者，倘若同学们了解到通过构建面积位已知正方形两倍的正方形来求解倍立方问题，还有其在神话中富有戏剧性的由来，即唯有建造体积为原祭坛两倍的立方祭坛，才能平息太阳神阿波罗的愤怒，那么他们将深刻体会到数学并非乏味无趣之学科，反倒充满进步之激情，生动而有趣。

4. 学习数学史有助于提升你们的逻辑思维能力

在数学教育中，数学史的应用具有更深远的含义——它有助于培养学生们独特的数学思维模式。“灌输给学生以数学家般的思考方式从而实现优质数学教育”是其主要目标之一。数学长久以来作为思维锻炼的重要工具，而数学史无疑为这一领域提供了丰富且有价值的资源。举例来说，众所周知的毕达哥拉斯定理拥有超过 370 种证明方法，其中有些简单明快，令人赞叹不已；另一些则颇为复杂，需要通过长时间的探索才能领悟。每种证明都能作为思维训练的良好途径。又如球体积公式的论证中除了著名数学家祖冲之的截面法之外，还包括阿基米德的力学法与旋转体逼近法，以及开普勒的棱锥求和法等。这不仅极大地扩展了学生们的视野，同时也全面提升了他们的思维能力。

5. 数学历史有助提升学生学术创新能力

数学素养作为一种重要的文化品质，对于每位求学者而言都是必须掌握的。如米山国藏所说，基于初高校阶段所学到的数学理论，步入社会后往往很少有实际运用的机会，因此大概不出门一两年便会遗忘殆尽。然而，尽管无法直接应用，在实际工作中，那些深深烙印于心的数学精神、思维方式、研究方法以及推理技巧等，都会在不知不觉中对个人成长产生积极的影响。

数学作为一部穿越历史的哲学，其历史源远流长且跨越全球范围。仅以我国古代数学为例，早在《易经・系词》中已有相关记载：古老时期人们采用结绳记事来处理政务，后来由圣贤加以改进转化为文字记录。考古证实，商朝时期甲骨文中最大的数为三万；而用于计数的算筹，至春秋时期已被广泛应用... 列举这些并不旨在追溯数学发展历程，只是为了强调一个事实，即数学的起源和发展是伴随着华夏文明的兴起发展而来的。

将深厚悠久的数学发展史与严谨精细的教学相结合，无疑是数学教学中一项深度而系统的任务，绝非简单地让一位数学家的传奇生涯或数学史上的轶闻趣事停留在某个教学环节中。数学史与教学内容在理念、形式乃至方法等方面都需要实现高度统一和完善性，只有这样才能真正发挥数学史的教育价值。学习了解数学史可以帮助我们拓展思路，提升心智，因为数学史不仅仅展现了数学文化的丰富内涵、精深思想，更重要的是从科学思维方式、思想方法、逻辑规则等多维度培育人们的科学智慧。数学史饱含智慧，富含真理，进入中学数学课堂，深层挖掘和融入其中，这正是目前中学数学特别是高校数学教育应当关注并积极实践的教学任务。

二、中国数学教育变革现状

高等数学，作为一种基础性学科，深度应用于自然与社科领域，提供强大科研工具，推动科技快速发展。其在社会进步中也创造出了丰厚的物质与精神资源。该学科在大学阶段属必修课程，提供了扎实的数学基础及方法论，使学生得以学好后续专业课，并解决日常问题。然而，受固有教学理念影响，现阶段高等数学教学仍存在一定问题。因此，对广大教育者来说，特别是数学教育工作者，需在此领域不断探索、试验与创新。

（一）高等院校数学课教学现况

（1）近年因高校连续扩招，部分学业表现欠佳者也加入其中，导致学校学生整体学习情况呈分化态势。

（2）教授对数学实际运用讲解不足且严重脱离社会现实生活，未能妥善关联后续课程学习，致使学生形成“数学无用论”。

（3）高等数学教学未能跟进现代化发展需求，教师坚守传统手书教学方法却忽略了学生思考及理解的重要性；大量课程时间被过度占用，众多学生逐步丧失学习乐趣，教学互动效果不佳。

（二）高数教学创新策略

1. 以高等数学融入实验教学，激发同学们的学习热情

原有的高等数学教学中仅有习题课，缺乏数学实验课程，无法有效提升学生运用所学

知识及技巧解决现实问题的能力。为了弥补不足，高校应增设数学实验课程，使理论教授融入实践操作，改变抽象化的理论，引导学生从被动灌输变为主动参与，以激发其学习兴趣，培养创造性思维与创业精神。在此过程中，引导学生利用如 MATLAB、MATHEMATIC、LINGO、SPSS、SAS 等数学软件进行计算机辅助学习，进一步加深对基本概念、公式和定理的理解深入。例如，教师可借助实验展示函数在某一点处切线的生成过程，增强对导数定义的理解；此外，借助 MATHEMATIC 强大的计算和画图工具研究数列的各种变化形式，使得学生对数列的变化趋势具有更直观生动的认知，深化对数列极限的理解。

2. 深度挖掘并巧妙运用多媒体技术，创新教学方式

当前我国已进入普及性教育时期，面对高校高等数学课堂内信息量激增与课时减少的挑战，实施多媒体教学已成为颇具效果的新颖教法。

借助多媒体科技的力量为高等数学教学添砖加瓦，改善师生的教学环境至关重要。老师无需再耗费时间撰写例题等繁琐事务，能集中精力深入剖析教学中的核心问题，这样不仅增强了课堂信息量，同时也提高了教学实效性和品质。通过使用多媒体辅助方式进行教学实践，构建寓教于乐的教学情境，如计算机图形展示、动画模拟、数值演算以及文字解释等，创造出包括图文音影在内的多元教学环境，有助于学生深度领悟概念、方法与内容，由此激发他们的求知欲望和创新思维。这无疑打破旧有的常规教学模式，让学生踊跃参与到教学过程中。举个例子来说，老师在阐述极限、定积分、重积分等知识点以及函数的两则极限和切线的几何含义时，可运用计算机制作动画展示极限反应过程；讲述傅里叶级数时，可以控制函数的展开次数，动态观察其拟合曲线的变化过程，这样学生会更易于接受并理解。

3. 充分挖掘网络教育优势，创立有效的教师辅助与解答机制

随着计算机及信息科技飞速发展，网络教育的地位日益突出，已逐渐转变为学生日常学习中的重要有机组成部分。学生可频繁访问教师所开发的教学网页和校园教学资源中心，以此作为他们的“第二课堂”。借助互联网，每位同学皆能进行所需资料的搜索查询，查阅老师上传的电子教案，同时利用电子邮件、在线教学论坛等通讯工具，互相讨论和解决学习过程中所遇到的疑问。

教师会将电子教案、典型题目详解、单元测验练习、重要知识点解析、教学大纲等内容发布至网站供同学们自主学习，甚至考虑开设一些特色栏目例如介绍数学历史、数学前沿动态以及数学家的传奇故事，从而激发同学们对数学学习的热忱，鼓励他们将这些理念

和方法灵活运用到其他科学研究之中。

针对同学们在数学论坛或教师留言板内提出的问题，教师必须尽快解答，并适时安排集体讲解讨论，以此培养师生间的良好关系和解决问题的能力。这种既有章法又具实效性的方法不仅能够鼓舞学生求知欲望，更有效地提升教学成果。

4. 教学中融入专业知识的传授

单一地阐述数学理论与计算的高等数学教学，若忽视学生后续课程需求，学生将感到厌倦，进而影响到他们的学习兴趣与教学质量。因此，任课教师需将数学知识融入学生专业背景，以培养其解决实际问题的能力，进一步提升大学生的综合素养，以满足专业课程对数学知识的要求。例如，副教授可在与机电专业学生的首次面授时，引入电学基本函数；在讲述完导数原理后，即刻利用该知识概述电学常见变化率模型（如电流强度）；接下来，教师可用导数知识，探讨最高输出功率的计算方法；在讲解积分部分，教师还可加入功率计算技巧等。

总的来说，高等数学教学应具备独特的教育体系与特色，任课教师必须转变思维模式，创新教学方式，提高课堂质量，充分发挥高等数学在人才培育中的重要价值。

三、我国基础教育数学课程改革概况简述

自改革开放以来，中国社会主义建设取得瞩目成就并持续发展。教育事业步入新篇章，不仅高等教育广泛普及，中等教育与高等数学教育亦得以稳步提升，而基础教育则得到国家高度重视。然而，每项重大突破背后必然伴随着挑战和问题，故教育改革越发受到重视。近期，我国对基础教育实施的新课程改革引发教育界和公众密切关注。如何加强与当下综合素质教育需求相适应的基础教育新课程体系建设，成为推动基础教育和素质教育全方位发展的关键所在。回顾过去十年我国基础教育的新课程改革历程，成果显著，但深思仍有不足之处，这便促使我们在前行过程中深入反思，以便获得更为卓越的进步。

（一）基础教育新课程改革成果显著

面对不断变化的社会环境和教育要求，新课程改革全力以赴。它实施了全面的课程体系和内容改革，以满足学生对知识的理解和课程巩固的需求。

在课程开发层面，新课程改革明确了国家、地方及学校三级承担责任的模式。国家负责整体规划和课程标准确立；地方依据国家政策和当地实情辅助调整；学校则需根据自身

特色和资源限制，吸纳各方力量制定、执行和评估课程计划。

在课程体系设计方面，新课程改革力图实现均衡、综合性和可选性的目标。改变了义务教育课程的教育内容，精简了课程门类，强化了各学科间的融合，甚至构建了诸如语言与文学、数学等人文社科与自然科学等综合课程。例如，普通高校阶段设立的语言与文学、数学、人文与社会、科学、技术、艺术、体育与健康和综合实践活动八大学习领域就是这样的具体成果。

新课程改革秉承了以人为本，以学生为主导的理念。其极其重视学习者的自主参与和知识构筑能力，提倡通过主动探究的方法，让学生由过去传统教育的单纯承受者转变为真正的知识建筑师和积极的学习参与者。教师角色也发生了转变，他们不再是传统教育模式下的专制指挥者，而是学生获取知识的引导者与合作伙伴。

新课程改革不仅仅重视学生的知识习得，同时还致力于学生的道德品行养成，努力达到科学与人文并重，致力于发展学生们的个人潜能。在素质教育指导原则下，评价学生的标准将不再仅仅依靠学业成绩，而是倾向于全方位发掘学生潜能，关注每名学生个体差异与多元化需求，以确保每个学生的成长道路与其个人兴趣、天赋保持紧密关联。

（二）基础教育新课改所面临的问题

（1）新课程系统较为复杂，部分教师难以掌握和解读，特别是一些资深教师。再加上新课程对教学方法提出新的要求，需要教师投入大量精力去理解和应对，同时也加大了他们的工作压力。

（2）新课程改革推动学生主体地位的提升及师生间的平等人权，致使一些教师未能及时调整自身角色，实际教育过程中在短时间内掌握不到位。

（3）教师培训也是一大挑战。师范生毕业后需接受一至二年的培训才能胜任新课程教学，而他们是否有足够的能力承担此项职责尚未可知。此外，我国现今对高素质高能力教师的需求日益增长，新课程实施中的教师准入问题愈发严重。

（三）对新课改在基础教育中的建议

（1）为了应对新课程改革，教师需丰富自身知识体系，转变传统的教学理念与方法。摒弃旧有的对知识的权威性质疑，秉持共同学习探寻的态度进行教学。同时，学校将大力引进优秀师资力量，领导层需深度分析教师素质水平后，提供针对性的新课程培训，强化理论知识，再经过实践的磨砺，理解及贯彻新课程改革理念。除此之外，学校还可组织教师观看新课程影碟观摩课，选送优秀教师外出接受培训，举办全覆盖式的新课程专题研讨及演讲比赛。此外，还应设立教师论坛，深入探讨教师们对新课改的认知和体会。

（2）针对部分落后及设备欠佳的农村学校，新课程改革难以全面实施。对此，学校可以寻求上级政府和教育主管部门的援助，增加教学经费；另外，应当激励全体师生响应号召，自力更生地制作教具学具，形成互助共赢、资源共享的良好氛围，从而逐步改善办学环境，推进新课程改革进程。

新一轮基础教育课程改革致力于构建多样化、创新性的学习方式，这既有助于提高学生的综合素质，也符合我国素质教育的战略需求。在新课程改革的征途中，我们需要时刻反思、总结经验教训，以推动其向更深、更高、更远的方向迈进。

第二节　弗赖登塔尔的数学教育思想

一、对弗赖登塔尔数学教育理念的深入理解

弗赖登塔尔的数学教育理念主要集中于数学及数学教育两方面。他强调教育目标应紧贴时代脉搏，依据学生实力而定义；教学过程中须遵从创设、数理科和严谨三大原则。

（一）弗赖登塔尔的数学观点概述

1. 关于数学发展历程的深度解析

弗赖登塔尔曾言：“数学源自实践需求，今日效率愈发显著！然而，这样描述显然不足以表达数学所具有的特性，或许更为合适的说法是，如果数学无益，那么将非数学理论。”从他的理论著作来看，每种数学理论皆源于实际需求，由此推动着数学的进步。同时弗赖登塔尔也强调，数学与日常生活的紧密关联，实际上要求数学教育要从学生们熟悉且感兴趣的情境或事物出发，帮助他们更好地理解与掌握数学知识，并促使他们在实践中运用所学到的数学知识解决实际问题。

2. 现代数学特点概要

（1）数学的表达方式。弗赖登塔尔指出，数学的现代特征在于其形式化表达和重构过

程。这是因为数学本质上是一种思维模式，具有含蓄而高浓缩性的特点，需要精确、抽象且精炼的符号化来传达。

（2）数学概念的创建。弗赖登塔尔主张，数学概念的构建需从原始的“外延性抽象”步入深层次的“公理化抽象”阶段。随着现代数学不断偏向公理化发展，公理化抽象逐步显现出其在定性分析及归类方面的优势，带来更为深刻的理解与清晰的认识。

（3）数学与古典学科间的边缘界限。弗赖登塔尔强调，现代数学的一大特性即为其与传统学科之间的模糊边界。具体表现在现代数学运用公理方法进行传统学科的深度挖掘并广泛应用于其成果；同时，数学也深入各类学科，甚至在看似与数学毫无关联的领域中发挥着重要作用。

（二）弗赖登塔尔关于数学教育的观点

1. 数学教育所要实现的目标

弗赖登塔尔对数学教育的应有宗旨进行深度剖析，其主张教育目标应随时代发展而调整适应，并以学生的实际情况为基础。他专门从以下几方面展开研究。

2. 应用领域

弗赖登塔尔强调在数学与现实联系中发现价值，这种价值即为数学在实际生活中的运用。因此，数学教育应与社会现状紧密相连，确保学习者在毕业后能顺利适应社会环境。当前，计算机课程的广泛推广较好地诠释了弗赖登塔尔观点所需的实践检验。

3. 思维训练

弗赖登塔尔尽管对数学能否被视为思维训练感到困扰，然而从测试效果来看，他肯定了这个观点。他曾针对大学生及中学阶段的学生进行了大量数学问题考验，发现经过数学教育后，他们对这类问题的认识与解答都显著提升。

4. 实施问题解决策略

弗赖登塔尔先生深信：数学受到高度赞誉的理由在于能有效解决诸多问题。这种观点就是对数学的信心体现。因此，数学教育理所当然地将“解题”视为另一个重要目标，以实现理论与实践的融合。实际情况也显示在当前的评估标准和课程设定上，充分表明了这一教育目标。

5. 数学教学的基本原则

（1）再创造法。弗赖登塔尔指明：数学教学应以活动分析为准则，即所谓的“再创造法”。此法则贯穿于数学教学各阶段，引导学生积极探索和发现知识。例如，“情境教学法”及“启发式教学法”均依循这个原则。

（2）数学化原则。弗赖登塔尔主张：除数学家外，学生亦需学会运用数学概念，以及将其融入教学中。因此，“数学化”已成为数学教育发展的大势所趋。他并指出：“无‘数学化’，便无数学；尤其中无公理化，就无法建立公理系统；同样，缺形式化，就无法构筑形式体系。”由此可见，弗赖登塔尔同意夸美纽斯的观点——“教授某项活动的最佳方式即是示范之，而学习最佳途径便是实践之。”

（3）严谨性原则。弗赖登塔尔认为，严谨性在数学领域至关重要：数学发展出强大的推理结构，使我们能够判断结论的准确性，乃至结果是否正确建立。然而，严谨性的判断因时而异、因问题而异；严谨性存在多个层次，每一问题对应特定的严谨性层次，需要教师引导学生逐层掌握，培养个人的逻辑思维能力。

二、弗赖登塔尔数学教育理论的实在价值

弗赖登塔尔，著名荷兰数学家与教育家，数学教育领域的国际权威。他于 20 世纪 50 年代末期撰写的一批教育论著，对全球教学产生广泛影响力。尽管时间已然过去半个多世纪，弗教授的教育理念仍犀利如常，饱含深意。回顾这些观念可以发现，如今新课标所强调的核心价值，在弗教授的研究中早已作出明确阐述。因此，掌握并运用弗氏的教育思想，对今日教学具有重要实践意义。处于课改环境下的数学教育工作者，应将弗氏的观点视为宝贵资源，以获取教学灵感；积极实践他的理论。

（一）“数学化”理念精髓与实际价值

弗赖登塔尔将数学化视为数学教授的关键原则，明确表示：“无数学化则无数学，无公理化则无公理体系，无形式化则无形式体系。因此，数学教育需通过数学化实现。”弗氏的数学化理念影响深远，改变了全球数学教育者的思考及实践方式。究竟何谓数学化？弗氏解释说：“广义地看，即用数学手段研究并整理、组织各类复杂现象，所谓‘数学化’即是此。”他进一步划分出两种数学化对象，一是现实世界，二是数学元素。据此，他将数学划分为横向及纵向两个层面的数学化。横向数学化，是指对实际世界进行符号化处理；而纵向数学化，则是将数学问题转化为抽象的数学理论与数学方法，构建出更为完备的公理及形式体系。

当下一部分教师可能由于教育观念偏差，或受应试教育的影响，简化了数学化（横向）的四个阶段，仅关注最终产物——形式化，却忽视了过程中的数学化过程。这种做法使得学生虽学得迅速，但遗忘率也随之提升。弗赖登塔尔曾批判此举为“违反教学规律的错误操作”，实质是教育过程不应只是简单地传授数学公式，而需要引导学生自主探究，理解背后的数学原理。众多学者也持有相同的看法，美国心理学家戴维斯主张：在数学学习中，学生应像专家一样进行数学推演，从而提高成功几率。笛卡尔与莱布尼茨认为：“……知识并非纯理性的单向传递，而应是理性与经验的互动……真理不在于单纯的理性或者经验，而是两者的相互作用。”康德则言明：“缺乏经验的概念如同虚构，而没有概念的经验无法构成知识。”

“理论学习与实践体验不可偏废”，学生通过“数学化”能够直接接触实际问题，激发知识潜能并实现知识输出。“数学化”可以让学生亲身体验从生活世界到数学符号表征、命题化的全过程，累积“做数学”的经验，掌握知识、问题解决策略以及数学价值观念等多种能力。同时，“数学化”对于学生的长期及短期发展具有决定性影响。未来社会要求人们必须具备在职业生涯高峰时期快速且高效应对挑战的能力，而数学则应肩负起这一关键任务，成为学生人生历程中的重要工具。因此，数学教育应当注重培养学生的数学观念，增强学生应用数学的意识。尽管日后很多人可能不再从事涉及数学知识的工作，但是他们所拥有的数学思维方式，包括如何将日常生活问题转换成数学模型，善于发掘问题本质及规律的态度等，都将在任何环境下发挥积极作用。

著名数学家张奠宙曾为大家讲述一个真实案例：一名上海和平饭店电工在解决一个空调机效果异常的问题时，运用了合理的数学思维方式。由于发现地下室至十层的一根电线有所异常，于是提出将三根电线统一处理的想法，最终成功测定该电线的电阻值。这位电工不仅通过这种方式解决了实际问题，还因其出色表现赢得了上级的认可。显然，问题的解决并非依赖于过去学习的数学定理或公式，而是源于他的数学素养。拥有良好的数学观念和意识，我们更倾向于将复杂问题归结为简单问题；透过纷繁的现象追寻本质；以最为有效且经济的方式应对问题，展现出独特的才华；以此来提升我们的工作效率和生活质量。

近期以来，我们实施了全方位的数学化教学模式，让同学们真实体验知识生成的完整过程。在这个过程中，他们通过模拟科学家的探索过程来重新建立对数学规律的认识，比如自主推测推算研判前行道路、自我分析对比克服困难、找到问题解答的欣喜和自信、历经挫败后对于数学思维的敬仰以及由此引发的对数学的情感转变等等。所有这些都是“数学化”给大家生活带来的丰富教益。波利亚教授曾提醒我们：“唯有观察数学的诞生，沿着数学演进的历史轨迹，或者亲自投身于数学发现之中，才能够对数学有更深切的理解。”同样，亲身经历形成过程所得之知识必然在学生心中占据稳定且持久的位置，易于应用和迁移，进而极大提升学生应试实力。尽管知识获取是重要因素，但是数学化教学活动还会推动学生在无形间汲取到诸如数学历史、美学观念、元认知调控、反思调整等多重成果。这些都有助深化同学们对数学价值的认知，激发内驱力，增强运用数学的自觉性与能力，而这远非单纯的数学知识传授可以相比拟。

（二）“数学现实”理论的核心要义及其实践价值

弗洛伊德早在半个世纪前就在其著作中倡导，数学教学应依据学生生活经验和已有数学知识创建情境。他曾明确表示，教学需寻求数学与学生实际体验的联络点，且仅有源自真实关系的数学，学生方能准确理解如何从实践中发现问题和解决难题，以及如何将所学知识运用于现实生活。他的“数学现实”理念告诉我们，每位同学皆有其独特的数学现实，包含他们接触到的客观世界规律及相关的数学知识体系。这其中不仅涵盖客观事实，还包括学生运用自身数学能力观察世界后所得出的见解。教师的职责则是理解和把握学生的数学现实，持续拓宽扩展学生的“数学现实”领域。

“数学现实”观点有助于我们深入理解情境创设在教学中的真实目的及其重要性。首先，情境拟定必须基于学生的生活常识或现有认知状态，前者避免了生硬传授概念的缺陷，而现实情境的模糊性与知识联系的隐蔽性更适于学生开展“数学化”活动。其次，充分掌握学生的数学现实是教师成功教学的重要基石，任何过于高估或低于学生实际水平的教学安排都无法产生良好效果。此观点能使我们理解新数学运动失败的原因：过分提高了学生的数学预期；同时也解答了为何在课改初期，部分课堂数学活动的“简单化”受到专家批评，因其偏离了学生的数学现实需求。正如奥苏贝尔所言，“影响学习的主要因素是学习者已知的信息。”这恰如其分地诠释了“数学现实”对于教学的关键作用。

（三）有指导的再创造概念及其实践价值解读

1. 有指导的再创造中的“再”字的思考和启示

教育学家弗赖登塔尔提出了以“有指导的再创造”为核心的教学理念，主张为学生提供开放式的学习环境，将原本由教师传授的知识转变为学生在实践中自主产生与感悟的体验。此观点强调，这是最为自然且高效的学习途径。这种基于学生的“数学现实”的创新学习过程，旨在模拟数学发展历程中的创造性思维过程，而非单纯沿袭历史进程，帮助学生避开数学先驱的困扰和困境，少走弯路，缩短研究路径并根据现有思维水平加速前进。因此，“再创造”的本质在于教学不应简单照搬历史真相，而需借鉴历史进展的特征，研读教材内容，并依托学生的认识现状，致力于历史的再建或重构。弗赖登塔尔表示：“数学家通常并不愿意真实揭示其发现和创建数学之过程，成果往往被掩盖在‘显然易见’及‘轻松明了’之表象之下；教科书更进一步，常常将表达思想的过程与实际创作进展完全颠倒，彻底堵塞了‘再创造之路’。”

现阶段，诸多普通学校出于紧张的课程安排、有限的师职力量、繁重的工作负荷以及巨大的升学压力等因素采用直接切入主题的简约教法，遵循着“解读定义——分析重点——举例示范——布置作业”的固定模式授课，学生则遵循“全神贯注聆听——精确记录重点——模仿相关类型——大量练习强化”的固定模式学习。然而，若数学课堂始终以此般流程展开，学生将错失亲自参与剖析问题，对比不同方案，自选策略评价解决方案，思考和应用常见手段与技巧的机会。正如杜威所言：“若学生无法自行设计问题解决方案，自主找出解决之道，那么即便他们能够记住所有正确答案，百分百无误，仍无所收获。”事实上，理解数学家的实际思维过程对于提升学生的数学技能至关重要。张乃达教授对此深表赞同：“人们常说，欲学问精进，先学会做人，在数学领域，何谓为人？如何为之？此乃成为数学家之事！要学习之人格，自然首先要学习数学家的视角。”唯有从此数学家“实实在在”的数学处理方式中学习才能实现这一目的。

德摩根先生倡导了一种独特的教学模式，名为“再创造”。他以方程式理论的教学为例，建议教师们在向学生介绍新的符号体系时，并非立即向他们详细说明所有符号，而是允许学生逐步掌握符号的使用，如同当初创造者们的实践经历一般，由复杂繁琐逐渐走向简洁明快。他主张，应该将课程的安排依照数学历史上相应内容的演变次序来进行展呈，而教师们的任务便是使学生的思维能够途经古人曾经经历过的阶段，穿越其中，不再避繁就简而忽视任何一个环节。庞加莱先生认为，数学课程的编排应当完全依循数学历史上相应内容的发展脉络展开，教育工作者的职责在于，引领学生体验其祖辈们曾历经的阶段，而且要尽快地去跨越某些关键时期。同时，波利亚女士亦强调学生学习数学需要再次重温人类的数学认知历程中的若干重要里程碑。

以复数作为范例，自 1545 年卡丹首次在数学文章中阐释关于虚数概念及其运算方法以来，直至 18 世纪，复数才被广泛接受。这期间，数学界的杰出代表欧拉甚至认为这类数只不过存在于幻想之中。然而当教师们教授关于复数的相关内容时，无需让学生重复那些未知艰辛的探索过程，然而可以将引入复数概念的过程，模拟成当年数学家用自己的智慧解决问题的方法，即设置一些类似“若两数之和等于 10，它们的乘积为 40，请问这两个数究竟为何？”等问题，以便让学生亲身体验当时数学家们面对困难时所处的关隘。在这个时候，教师便可引导学生回顾自然数、正分数、负整数、负分数、有理数、无理数和实数等各个数学分支的产生及演进过程，同时讲解数学领域内对数系扩大的原则性规定。最后，可以引发学生的思考，既然我们已经能够对前述各种类型的数字找到各自对应的几何表述形式并进行深入研究和分析，那么，复数是否具备一种几何表示方法？其基本运算规则又该如何构建呢？通过这样的教学指导，教师不仅杜绝了学生盲目徒劳的尝试，还能引导他们在教师的指引下，犹如一名数学家一般，亲身经历数学知识诞生的全过程。在这一过程中，当学生逐渐理解和思考他们所接收到的知识时，他们所获得的智力发育效果，将会远远超过单纯被动接受教师传授的知识所带来的进展。就像是英文谚语所表达的那样：“我听过的会随时遗忘，看见的才能真正记忆深刻，只有亲自参与过的，才能深入骨髓，铭记于心。”

2. “有指导性的再创造”概念中的含义以及其实践价值

费尔登主张，学生的创新需要在指导之下进行。在从事数学活动时，学生往往面临知识未知、方向模糊的困境。倘若教师撒手不管，学生可能无所适从，甚至导致无效。以此类推，让一名失明者在陌生位置独自探寻，虽然可能付出巨大努力乃至成功抵达目的地，但更多情况却是徒劳无功。将此比拟于探索知识的学生，教师应该如同明眼看清知识未来的引路人，始终陪伴在他们身边。学生遇到困难，需要教师提供帮助，甚至在走错方向时为他们指出正确道路。费尔登如此描述道：“‘理智再创’意味着在创造自由和指导约束间找到均衡，同时满足学生兴趣和教师期望。”教学中，有些观点试图将学生的自主性与教师的指导对立起来，这种做法明显与费尔登理念相反。然而，教师的指导应该注重何时、何地、以怎样的方式介入学生的思维活动之中。

（1）如何进行指导：通过元认知提醒。在“做数学”的活动中，教师可以透过元认知提醒语给予学生启发。例如，根据探究内容的深浅程度、知识目标与学生认知结构的差异等因素，设定不同程度的暗示成分或明暗的元认知问题。一位优秀的教师必定善于运用元认知提醒语来指导学生。

（2）何时介入指导：在学生思维遇阻之时。教师过早就干预会限制学生体验思考问题的过程，限制他们去漫步于数学世界。即时的教学可能会帮助学生快速掌握知识和技能，但是这种做法往往是短暂的记忆。因此，教师应在学生欲罢不能时予以点拨，在其思维跑偏时引领迷途知返，这样才能充分发挥师生双方的积极性，令学生在挫败中体验数学思维之美以及数学方法之魅。

第三节　波利亚的解题理论

乔治·波利亚先生（1887 至 1985 年），匈牙利裔美国数学大家，享誉全球的数学教育专家及享有崇高威望的数学方法论学者。在他默默奉献于数学教育事业半个多世纪里，为推进全球数学贡献不菲。其独特的数学理念贯穿全球数学教学改革的过程，至今仍具有巨大的现实启示作用。

一、波利亚数学教育思想概述

（一）波利亚关于解法教学的观点与实践

波利亚强调，“学校的核心意图应着眼于培育学生内在潜能的成长，更为关键的在于知识的传授”。在数学领域，这些潜能具体表现在哪些方面呢？根据波利亚的观点，这种能力即是问题解决能力——只不过波利亚认为我们所谈论的问题并非简单的按部就班，更需要具备一定的独立思考、判断、行动还有创新的精神。其实，他已察觉到日常解题与攻破难题所带来的数学上的重要突破，并无明显界限。他主张将大把时间投入到实际求解之中。于是乎，他总结性地表明，“中学数学教育的首要使命就是强化解题技巧的锻炼”。更为引人注目的是，他通过解读解题方式展现出的“处于探索过程中的数学之美”。他将解题视为培养学生数学才能及教导其学会思考的有效手段与方式。此观点在全球数学教育领域引起热烈反响。值得注意的是，波利亚的解题训练模式有别于“题海战术”。他并不推崇学生过多地进行广义的作答，因为这样的大量“重复操作”可能会抑制学生的学习兴趣，阻碍他们思维的进一步拓展。因此，他主张精选一道富有挑战而适度复杂的题目以引导学生深入挖掘题目各个层面，从而通过这个题目，犹如穿越一扇门后抵达全新的世界。

例如，“证明根号 2 为无理数”以及“证明素数有无穷多个”无疑是优秀的题目，前者勾勒出实在数精确性的认知框架，后者则揭示了解析数论的无数奥妙与深邃。此类优质题目往往隐匿着打开数学知识的金钥匙。波利亚在其著作《怎样解题》中倡导通过解题激发灵感的解题策略。本书开头便是一份细致入微的“解题策略列表”，集结了一系列具有代表性的问题及相应的解决方案，其本质在于借助这些启发式的提问引发思维活动。波利亚明确表示“我们的列表实际充当了解决难题的智慧资源库，其中的问题和建议并未明显描绘出思维闪光点，然而它们均紧密联系在此之中”。这个“解题策略列表”共有四大块：问题解读、策略制定、策略执行以及策略反思。问题解读的核心任务在于为思维的火花燃起前奏；而策略制定则是尝试点燃这颗火种；一旦点火成功，接下来就需要付诸实践；最后通过对整个解题过程的复盘和分析，进一步挖掘和提炼其价值所在。波利亚眼中的思维闪光点，正式我们所熟知的灵感。《怎样解题》的另一重要章节“探究法小辞典”，近乎占据了整本书的半壁江山。“探究法小辞典”对“解题策略列表”中的常见智慧活动进行详尽解读。全书无不传达出一个强烈信号——波利亚主张解题训练旨在引领学员进行智力挑战，培养数学素养。

就教育心理学观点而言，“解题策略列表”确实是教学上的宝贵财富。教师们能够借助这份清单有条不紊地引领学生自主学习，培育独立思考和创新能力。波利亚认为解题的过程就是持续调整问题的过程。事实上，“解题策略列表”中许多问题和建议都是为了“调整问题本身”，例如：是否知晓与之相关的问题？是否遇到过形式稍加点缀的题目？能否换个角度审视原题？能否结合自身经验重述原题？能否找寻一道更轻松易解的同类题目？一道更具普适性或者说是一道更特定的题目？一道更相似的题目？能否解决该题的某个部分？能否从已披露信息中提取出有益信息？能否设计一些有助于确定未知数的全新信息？能否调整未知数或已给定数值，甚至同时调两者，使新设定的未知数与新给定数值更为契合？波利亚对此直言“若停止改变问题，进步将变得异常艰难”。而“调整问题”便成为了《怎样解题》全书的主旋律。“习题海洋”是无法回避的现实，我们需要研究应对策略。波利亚的“列表”提供了一个实用可操作的机遇，为我们提供探索解题路径的指导。因此，它被广大师生誉为“在习题海洋中漫游的行动指南”。著名数学家瓦尔登上世纪曾表示，“每位大学生、学者，尤其是教师都值得一读这本富有魅力的《怎样解题》。

（二）波利亚的恰当逻辑推论学说

在大多数情况下，人们在初学数学课本中所接触到的庞杂知识往往被描述成一门严谨而严密的演绎科学。然而，这种说法仅仅是数学学科的一个方面，也即是已经完成并且定型的数学定理。然而，波利亚却独具匠心地强调了数学科学的另一个层面，即在其创新发展过程中的数学理论，仿如一门富有实验精神的归纳科学。据波利亚所述，数学理论的创建过程与其他领域知识的创新历程大同小异。在证实某个定理之前，首先需要根据事实进行猜想，进而揭示出该定理的确切含义；在生成完整且详尽的证明之前，我们还需反复验证、调整以及修订我们所提出的猜测，同时也要大胆推测证明的可能思路。在此一连串的研究和开发过程之中，至关重要的并非是基于形式逻辑进行的论证推理，相反，合情推理才是最为突出的一环。论证推理是建立在形式逻辑之上的，每一步推理都具有可靠性，因此能够协助我们确立精确的数学理论体系。反观合情推理，其本质在于它是一种符合情理且似乎真实可信的推理方式。例如，对于律师而言，他们在打官司时会利用案件推理；经济学家在做数据统计时会应用统计推理；而对于物理学家来说，实验归纳推理则是最为常见的一种推理方式。这类推理结果的准确度往往存在着或多或少的不确定性。因此，合情推理不仅冒险，而且它构成了天才们创作中必不可少的推理方式。

波利亚所著之《数学与合情推理》一书援引了历史上众多著名数学发现的实例，深入剖析了合情推理的独特性质及其运用方式，首创了合情推理模型，巧妙运用概率论来探讨合情推理模式的正当性，企图逐步实现对合情推理的定量刻画，同时呼应了现实生活中的中学教育现状，提倡“教育学生学会猜想，掌握合情推理的能力”，并根据课堂教学实践提出了颇有价值的教学策略。如此看来，在笛卡尔、欧拉、马赫、波尔察诺、庞加莱、阿达玛等一众数学大师的研究基础上，波利亚无疑已将其推到了更为深入、更为前沿的位置，无疑堪称现代合情推理领域的佼佼者。在数学领域内，合情推理拥有着丰富多样的表现形式，而归纳法和类比法则分别是其中应用最为广泛的两种特殊合情推理手段。法国数学家拉普拉斯曾经直言不讳地表示过，“即便是在严谨的数学领域中，那些寻找真理的利器依然是归纳法和类比法。”因此，波利亚对这两种合情推理手段给予了高度的关注，并进一步探究了更多层面的合情推理观点。他不仅全面探讨了合情推理的性质、功能、相关案例和模型，同时明确指出了其潜在的教学含义及教学策略。

波利亚先生不断强调：只要我们能够认识到在数学创新过程中所必需的合理推理以及假设建构的重要性，那么在数学教学环节中便应当给予猜想训练足够的重视，不仅要求学生具备创造力，也要锻炼他们的发散思维，甚至可以提供一个平台，让学生尝试进行一定程度的发明工作。对于那些希望将数学作为终生奋斗事业的学子而言，为了在这个领域取得真实的成就，他们必须熟练掌握合情推理；至于一般的学生，他们同样应该接受并体会到这种推理方式的重要性，因为这是未来生活所必需的技能。值得注意的是，在他亲自主讲的教学影片《让我们教猜想》中荣获了 1968 年度美国教育电影图书协会成立十周年纪念活动中的最高荣誉——蓝色勋章。而在 1972 年，他更是远赴英国出席第二届国际数学教育大会期间，选择为 BBC 开放大学制作了另一部教育教学影片《猜想与证明》。此外，他还分别在 1976 年和 1979 年发表了两篇名为《猜想与证明》及《更多的猜想与证明》的专论。那么如何教授猜想和合情推理呢？答案并无定式可言，关键在于如何选取一些具有代表性的教学结论进行研究，深入剖析其创新灵感及合理性推理的过程。接下来，老师可以引导学生参照优秀范例进行自主实践，借此培养他们的合情推理能力。授课教师应精选具有典型性的问题，设定特定情境，鼓励学生主动地投入实验、观察、推断，从而得出个人猜想。波利亚先生进一步指出，学校必须善于发掘集体教学的潜力，鼓励同学间互相交流、激发思维火花。面对学生的疑问，教师应适时给予适当指导，但不强制规定学生的思路，而是让他们自由发现，因为只有在这样的环境中学生才能感受到猜想、发现的快乐，并真正掌握合情推理的技巧。

（三）波利亚对教学原则以及教学艺术的研究与论述

在实际授课过程中，有效且恰当的教学手法理应遵从一些至关重要的原则，而这些准则应当以数学探究与学习的基础理论为依托。因此，著名数学教育家波利亚针对此目的提出了以下三项教学原则。

1. 主动学习原则

学习过程需要我们具备积极主动性，绝不可以仅仅停留于被动接受或机械复制的层面，只有通过自身进行深度思考才能真正理解并掌握新的知识内容。这意味着，最为有效的学习方式莫过于亲身经历与探索。如此一来，你便能真实地感受到思索的逻辑严谨以及发现新事物的快乐，从而有助于建立正确的思维模式。在此基础上，教育工作者们应当遵循苏格拉底回答法为核心的教育理念：向受教者提出富有启发性的问题以代替直接灌输固定的结论，对于学生所犯下的错误，并非直接予以否定，相反，要借助进一步提问以揭示出其中存在的矛盾点。这种方法既能激发学生的好奇心和求知欲，又能够培养他们独立思考、解决问题的能力。

2. 最优激励原则

若无动力驱动，学生则无法付诸实践进行操作。然而，对于学习数学而言，最为理想的驱动力莫过于发自内心地对数学知识的浓厚兴趣，最为恰当的回馈就是投入心力从事深度的思考过程中所获取到的愉悦感。担当此任的我们，教师，我们的使命便是诱发、增强并保持学生的最佳驱动力，让他们深信不疑数学是无比有趣且富有挑战性的，同时也确信我们正在研讨的各类问题均具有极高的价值与意义。为了有效唤起学生的最佳驱动力，解答式教学尤其强调在提出问题阶段的处理方式，竭尽全力做到风趣且引人入胜。在答题环节开始前，我们可以鼓励同学们先自行猜测题目最终的答案，或是部分答案，其目的在于激发他们的学术好奇心，引导他们养成积极探索和研究的良好习惯。

3. 有序递进过程阶段的运用原则

“所有一切人类知识最初源于直观体验，然后逐渐从直观发展成概念框架，最后实现精神升华，达到理念的高度”，波利亚教授将学习的过程详细划分为三个重要的阶段：

（1）探究阶段——包括个人的实践活动以及对于周围事物的感官认识；

（2）阐明阶段——在此阶段，学习者需要逐渐运用文字语言，将其提升至高级的概念层面；

（3）吸收阶段——即消化新的知识并将它们融入到自身已有的知识体系当中。

教学过程中应当尊重自然学习的内在规律，遵循由浅入深的有序性原则，将探究阶段放在数学语言的表述（例如概念的构建等）之先，同时也要保证所传授的新知识能真正融入到每个学生的整体知识体系之中。新的知识不可能凭空产生，它需要紧密结合学生已有的知识结构、日常生活经验以及他们的好奇心等等；新的知识掌握以后，还应该让学生能够应用这些知识来解决新的或者稍加变换后的旧问题，以此来建立新旧知识之间的联系；通过对新知识的吸收利用，使得原来模糊不清的知识结构变得更为清晰可见，进而拓宽我们的视野。波利亚教授发现，如今的中学教育环境存在着严重的忽视探究阶段和吸收阶段，而仅仅关注概念理解阶段的不良倾向。

上述提到的三项原则也同样适用于课程的设置，例如教材内容的挑选与引介、研究课题的分析及其顺序的安排，以及文字叙述和练习题的配置等等都要遵守这三项学与教的基本原则。蓬勃有效的教学首先要尊重并遵循这三项原则，然而仅有原则还是不够的，教学艺术也是必不可少的。波利亚教授一直坚信，教学绝不仅仅是一种技术，更是一种艺术。教学过程就像舞台演出一样充满创造性，有时候，某些学生从教师的身姿言行中所学到的东西远超过教师亲自教授的内容。因此，作为教师，我们需要在教学中适当进行自我表现。教学艺术与音乐创作也有很多相通之处，我们可以借鉴音乐创作中的预示、展开、重复、轮奏、变奏等技法，灵活运用到教学过程中去。教学方式甚至有些时候与文学创作有着异曲同工之妙，有时候当我们在课堂上心情愉快，感觉自己的诗灵感喷薄而出时，不必强行压制这份情感；甚至在教学的过程中，偶尔手痒，想说几句看似平淡无奇但寓意深刻的话语，也无需过分在意别人的眼光。我们都是为了揭示真理，为了传达知识，因此我们不能无视任何有效的教学方法。探索教学艺术，同样也要遵循这样的原则。

4. 普利雅的数学教育思想及其应用实践

波利亚将优质的数学教师应具备哪些素质与进行课堂教学的重要重点概括如下：

（1）作为教师的首要准则便是对数学保持浓厚的热情，如若教师本身对数学缺乏兴趣，则必然会影响学生对该学科的态度。因此，若您对数学并不热衷，我建议您慎重考虑是否选择教授该门课程，因为您的授课可能无法吸引学生的注意力。

（2）全面了解并掌握自己所教授的学科领域-数学科学。设想一个对数学教育内容含糊不清的教师，即使具备深厚的兴趣、先进的教学理念以及丰富的教学手段，仍然难以将数学知识传授至极致。因为您不能清晰地向学生诠释和展示数学的魅力。

（3）深入研究并理解学习过程，熟悉学习原则，认识到所有事物的最佳习得途径都是通过亲身探究其内在深意的独立实践。经过多年的学习经验及其对学生学习过程的细致观察，波利亚指出这些过程中的理解对于制定有效的教学策略至关重要。

（4）关注并耐心倾听学生的反应，了解他们的期望和碰到的难题，尝试站在学生的角度思考问题。教授任何课程，想要达到令人满意的效果，都必需基于学生的知识背景、思维观念及个人兴趣爱好。合理的教学有赖于师生的良好合作关系。

（5）在教授数学时，教师不仅要传授知识，还需要引导学生掌握各种实用技能，锻炼他们的思维能力并形成良好的学习习惯。

（6）鼓励学生积极地进行探究性思考，勇于提出假设，培养他们的创新精神。

（7）培养学生进行严谨推理和论证的能力，这是数学的独特属性，也是数学对提高个人文化素养所做的最大贡献之一。然而，在教学时要注意平衡，不应过度强调论证推理，同时也要尊重直觉和猜想，因为它们正是获取数学真谛的重要工具。

（8）关注并挖掘题目的潜在特性，探寻那些可以用于解决现行问题的知识脉络-寻找出当前具体情境下的普遍规律。

（9）不要急于把所有的秘密通盘托出，而是允许学生先行猜测，接着再由您进行讲解，让他们自主地寻找出尽可能多的答案。请牢记伏尔泰的名言“令人厌烦的艺术是把一切细节讲得详尽无遗”。

(10) 提倡启发式提问，避免填鸭式的信息灌输。

二，基于波利亚解题理论的解题思维训练教学实践

身为一位卓越的数学家，乔治·波利亚对众多数学学科表现出极高的天赋与热爱，其学术贡献遍及各个分支领域，留下诸多脍炙人口、以他个人冠名的数学术语与定理；同时，他也是一位杰出的数学教育家，具有丰富远见的教学理念与高超精湛的教学技艺；更值得一提的是，作为一位于数学方法论领域的杰出学者，乔治·波利亚引领开创了数学启发法研究的崭新领域，为推动数学方法沦研究迈入现代化进程树立了坚实的理论基石。他倾力撰写的著作《如何解答问题》中所阐述的解决问题的全过程，对于标准化学生的数学解题思维，培养良好的解题目能力效果显著且行之有效。

（一）明确问题所在

当面临问题时，探究其未解之谜，复盘已知之事与相关条件。判断结论成因需谨慎，不可忽略任何细节。假设条件过于简单或不充足，解答过程则相对困难。面向复杂问题，应考虑其中的隐藏侧面，确保基于全面信息进行分析和处理。在此基础上，适当运用图形与符号辅助理解，有助于提高解析效率。

部分同学在学习过程中，疏于深入理解问题实质，仅凭借模糊记忆作答，这种做法往往导致不良后果。

在学习中的某些问题上，同学们可能因四种可能性的出现感到困扰。然而，若能借鉴哈里斯·乔治·波利亚指导下的解题方法，通过画图明确相关变量关系，便可迅速得出所有可能的解决方案。同时，这也使我们联想到华罗庚先生关于“数型结合”的描述，他以诗意的表达揭示了抽象数学概念与直观想象之间的紧密关联，强调了数和形状在应用中所具有的不可分割性和重要性。

（二）拟定规划

多数难题并非直接解决即可，需要我们深入挖掘其内在联系，借助环境因素以制定合理策略。例如，借助辅助线、寻找未知量与已知量间的关联等途径建立求解计划。部分学生会误认为理解题目即可做题，无需计划。然而，当明确问题后，需在着手解决之前产生大量疑问，诸如：是否曾遇见过类似问题？可用何种方法解答？以及可用哪些公式定理

等。这些均是自我设计解题计划的过程。如此反复思维、总结，有助于迅速找到解决问题的最佳方式。

譬如，平面解析几何学习对称时，时常列举以下四小题进行练习：

（1）两点间对称问题；

（2）直线关于点对称求直线问题；

（3）点关于直线对称求点问题；

（4）直线关于直线对称问题，其中要考虑两条直线平行或相交的情形。

经过对此四小题的系统分析及归纳，学生再遇到相关命题便可轻松应对，拟定相应策略，避免不必要的失误。此外，对于点、直线及圆位置关系的判定，亦可运用相同方法，以达到触类旁通之效。

在制定计划过程中，可能无法立刻解决眼前问题，但可尝试转换角度考察：

（1）能否引入辅助元素以重述问题；

（2）能否先解决与该问题相关或类似的问题，随后根据已解决的问题制定求解计划；

（3）能否深化探究，保留部分已知条件，观察未知参数受影响程度，或从已知数据推导出有效信息，以改变未知数或数据，使参数更易计算；

（4）确认是否充分利用已知数据，是否考虑到所有关键概念，以及对概念的理解是否精确。若一时无法解决问题，可尝试以上不同角度思考，有助于快速定位问题的难点所在。

（三）贯彻执行计划

为了推行解决问题的方案并确保每个步骤与流程的精确性，我们需要对其进行严格的验证。如果在执行计划时存在错误或前后推理自相矛盾的现象，显然是由于未能充分确认每一步是否遵守了正确的指导原则。举一个典型的案例来说明，有一个逻辑辩论题就涉及到了这种情况：众所周知，兔子的奔跑速度远大于乌龟，但是倘若我们让乌龟预先比兔子先起步十米，那么即使兔子全力以赴地追逐，它也永远无法超越乌龟。从常理来看，这个结果必然不合理，然而通过严密的逻辑推演可以发现：当兔子追上这十米的差距之后，还需要花费一定的时间，假设这段时间为十秒钟。在此期间，乌龟可能已经向前移动了一段小距离，假设是一米。当兔子再次追上这一米，乌龟仍然可能向前继续前进。无论兔子如何努力加速，都只能接近乌龟而无法超越他。这个问题常常困扰着广大学生以及其他群体

（当然也包括其他专业学者）。问题究竟出现在哪里呢？

问题就源自于假设环节，如果假设出现问题，便意味着整个解题路径的初始步骤出现了疏漏，由此产生的结论怎能确保其可信度呢？类似的逻辑争议在数学领域比比皆是，有些例子一开始就设定了误导性的条件，如前面所提到的那个例子；或者在解题过程中出现偏差；还有些情况下使用循环论证，即将错误的结论作为定理去支持新问题的解法；更有甚者，擅自替换了概念。比如，学生之中经常热议的一个经典问题便是如此：有三个人准备外出住宿，一晚住宿费是三十元，三人各自支付十元后刚好凑足共计三十元交给旅馆老板。然而最后旅馆老板告诉他们今天有促销活动只需二十五元即可，因此旅馆老板取出五元让服务员退还给那三位旅客。然而服务员私底下扣留了两元，将剩余的三元平均分给了那几个旅行者，每人均获得一元。

那么现在我们来计算一下：在最初每人付出十元，再加上退回的一元，合计应该是九元，即十元减去一元等于九元，每位旅客花费了九元。所以，总计三位客人花销是九乘以三，等于二十七元，再加上服务员私吞的那两元，共得二十九元，问题来了：剩下的那一元钱到底去哪里了呢？这就是典型的偷换概念，将不同类别、机制的金钱数额强行相加运算。因此，我们在执行解决问题的过程中，对每一步的检验无疑至关重要。

（四）回顾

终极环节主要在于回溯总结，全面系统地评估并反思整体过程。严谨细致的检验所有成果，厘清其真实可靠性；探讨同一问题是否存在更为便捷的解决策略；洞察寻觅较快揭示问题核心的可能性；思考所得结论及方法如可广泛运用于同类问题的解决；等等。

由乔治·波利亚教授提出的求解法案，首重问题清晰重要性。若对列举阐释的实例未能充分验证其所得结论，则可能会丢掉求解方程 $x=2$ 的答案；如此一来，原本理想的解决方案将毁于一旦，实在令人惋惜。

数学解题常展现出一题多解，举一反三的现象。

通过分析解答过程及检验结论，未来碰到类似问题时，能否迅速理解问题本质并锁定答案，取决于个人的“数感”（对数学感知力）。举例而言，空间四边形四边中点相连构成平行四边形，若具备此感觉，回想已学习过的正方形、矩形、菱形、梯形及任意四边形四边中点连线形成的图形，解题便迎刃而解。

数学作为工具学科，首次成功解决问题后，若所获经验或结论能为解决其他问题奠定基础，恰达到数学问题解决的真正价值。自古以来，古人在漫长生产生活中积累出许多宝贵经验和方法，转换至数学角度即成定理或公式，为后世科研提供必要前提条件。无论时间空间，皆复如是。教育学生明确书本中所载知识凝结众多前人心血，应倍加珍视。

三、波利亚解题理论对我国数学教学改革的启发性成果

（一）树立全面的教育理念，实现从“学习知识”到“探究和解决问题”的转变

尽管素质教育已深入人心，然而应试教育的影响仍然难以克服。大部分学生将数学视为需要拿到高分的科目。这种体制催生了只看重升学率与成绩、忽视数学知识本质及其丰富多彩背景的现象。教学中过于强调数学知识点与解法套路的掌握，而忽略了知识的消化以及认知结构的建立。学生只能被动接受，无法融会贯通，机械地死记硬背知识点和模仿解题方法，导致他们缺乏理解与思考的能力。

基于波利亚的数学理念及国内教育现状，我们应当转变教育观念，让学生从单纯的“学会”走向“会学”。数学教育不仅仅是认知过程，也是成长过程。因此，数学教师除了教授知识外，还应对学生思维能力的培养和启迪给予更多关注。这需要教师激发学生提出有意义的问题，激发他们主动探索的兴趣，引导他们参加有序的思维活动。通过归纳和类比等方法，引导他们生成解决问题的思路，进而对这些想法进行验证、反驳、修改直至最终形成新的解决方案。只有通过这样的方式，学生才有可能自我构建数学认知结构，培养对数学真理发现过程的执着追求和创新思维，提高学习自觉性，促进数学学习的深入开展。

（二）深化数学课程改革，揭示数学思维精髓

传统的数学教学模式以严密的逻辑和系统的理论为目标，按照“定义—定理、法则、推论—证明—应用”的方式进行授课，强调完备的知识体系，但对知识的发现（发明）过程则缺乏详细阐述，这不利于学生理解数学背后的意义及如何运用这些知识。为此，波利亚主张数学教学应避免过度关注逻辑演绎，更注重实质内容，注重培养学生的创新意识与数学思维能力。

针对这一观念，重新设计的数学课程应重视对现实生动情境问题的探讨，借鉴数学知

识逐步发展的历史线索，用非形式化教学手段处理形式化数学概念、法则和原理，打破科中心主义和传递式教学理念的束缚，着力培养学生的思维方式和习惯，减轻师生压力，让教学不只是简单的符号操作。通过深入浅出地解释知识形成过程，既让学生明白知识的作用，也让他们理解知识的由来，这正是现代数学教育思想的核心原则。

波利亚的解题思路源自实践，又能推动实践，对于我国数学教育的实践和发展具有重要的指导价值。我们从中体悟到：数学教育应侧重探寻创造之道，寻求知识产生的过程及其方法，努力实现学习过程、科研探索以及问题求解的有机结合。数学教育的最终目的乃是塑造学生的数学文化素质，帮助他们掌握思维的方法，学会发现的技艺，理解数学的精神内涵与基础构架，同时提供其他学科研究的推理策略，努力塑造一种以变革为驱动的教育观念。

第四节　构建主义的数学教育理论

“教育领域正迎来一场革新，有多种命名方式，其中更为广泛接受的是建设性思维学习模式。自 20 世纪 90 年代起，此理论在欧美广为流传。作为认知主义发展的延伸，建构主义被赞誉为当下心理学领域的一次重大变革。

一、建构主义观点解析

（一）建构主义之理

建构主义理论衍生于皮亚杰的“发生认识论”，维果茨基的“文化历史发展理论”以及布鲁纳的“认知结构理论”之后，作为一种全新的理论日益成熟。皮亚杰观点认为，知识来源于个体与环境间的相互影响及构建，他进一步提出了关于儿童认知结构发展的三大要素：同化、顺应和平衡。其中，同化指个体利用原有模式吸收接收到的新环境信息，以期达成暂时性平衡；顺应则是如果遇上原有模式无法消化新知识，那么个体便会灵活调整或新组建模以适应环境的过程。总的说来，个体认知过程便是由“旧平衡——破坏平衡——新平衡”的循环往复不断攀升。在此基础上，其他专家从不同视角对建构主义进行了深度解析与研究。例如，科恩伯格深入探讨了认知结构的特性及其发展的制约因素；斯滕伯格和卡茨等主张突出个体主动性的重要性，并对如何更好地发挥这一关键作用展开了深度探索；而维果茨基则从文化历史心理学层面探讨了高级心理功能与人的“活动”、“社交”关系，并且首次提出了“最近发展区”理论。这些研究极大地推动了建构主义理论的发展与完善，也为其运用于实际教育提供了坚实基础。

（二）数学教育在建构主义教学法中的创新实践

构建主义理论强调，学习乃学员运用既有经验及知识体系解析、选择、整理以及重塑新知，进而主动构建所学知识的内在含义，强调以学员为主导。然而，这并不意味着放任自流，而是需要教师作为引导者与组织者。简言之，在尊重学员主导性的同时，也必须发挥教师的关键作用。因此，以此理论为基石的授课方式应注重以下几点：首先，充分激发学员的积极性，将问题交还学员，引导其自主探索及发现答案，并通过团队协作及讨论习得新知识。其次，学员对于新知的构建需基于原有知识经验。最后，教师应发挥合格的支持者及引领者的角色：一方面，重视情境对学员构建知识的影响，将课本深奥复杂的知识点转化为实际生活中的例证，使学员有机会亲身体验，从而协助他们更深入地理解并构建知识；另一方面，为学员提供充足的时间与空间，鼓励更多人参与讨论并表达观点，当学员遭遇挑战时，要给予鼓舞，而当他们取得进步时，则应予以肯定并指引新的前进方向。

“建构主义”模式的数学教学着重强调学生为主导，把数学教材作为意义构建的媒介，数学老师担任引导者及辅助人员，以课堂为平台，指导学生在已有数学知识架构中融入新知识，以此推动学生生成新颖的内容，并助力他们提升数学方面的综合素质水平以及数学技能。我们坚信，教学的终极目标在于让学生能够主动探求知识，并成功地完成对所获知识的理解构造。

二、构建主义学说的教育启示

（一）学习的核心在于学习者的自主构建

建构主义视域下，学习并非被动的接受过程，而是自主构建知识体系的实践。这个过程无法替代，每一个研究人员都会根据个人的现有知识库与信仰体系，对新的知识材料进行选择性的处理，以此建立自我认知，并且原有知识经验系统会随着新信息输入受到调整与革新。这种学习的建构，既包括了对新信息的意义构建，也涵盖了对已有的体验的重新塑造与组织。

（二）知识观与学生观是基于建构主义，强调教学中对学生的主体位置应给予充分尊敬

在建构主义学派的观点中，知识仅仅是对世界的诠释和假设，而非实际情况的忠实反映。知识并不具有独立的客观性，不能脱离个体而存在，即使我们用语言标记给知识打上了外在标签，甚至广大共识也认可了这些命题，但语言本身仍只能起到知识载体的作用，并非真正的知识本身。因此，为了理解这些符号背后的真意，学生需要根据自己既有的认知体系去还原和重构它们，进而从中汲取新知识经验。这也是为什么教育过程应着眼于引领学生从既有知识经验中培养新的知识基础。

（三）课程所授知识并非绝对真理，实际上，学生对此的理解与应用应基于自身的探究式学习

建构主义学派主张，课本知识仅是理论假设，真实世界依然有许多未知之谜尚未得到解答，故而并无绝对的正确性。这样的知识，在没有纳入个人经验体系前并不具有实质意义。唯有学习者经历新旧知识互动后，方能建立其内涵。在学生们学习知识过程中，不应仅停留在表面翻译，而要对这些假设进行自我评估及完善。

课堂教学并非把学生的大脑看作空白，相反，学生会将所学知识与其汲取过的经验相对照，以此来判断其真实性。鉴于此，教师授课不应刻板，不能催促学生死记硬背，不能将知识预先设定为定论，令学生无选择的全盘接收，而须重视学生如何借助已有经验，通过新旧知识交融建构新的认知。

（四）课程趋于深化，期待学员能够深入探究“思维具体化”

建构主义批评了传统教法中的“去情境化”现象，主张加强情境学习及认知。他们认为，学校通常将脱离实际的抽象知识传授给学生，但当其离开特定环境后，这些知识往往难以被理解和运用。这无疑构成了知识与实际需求之间的隔阂。为此，他们提倡情境式教学，推动学生在自然环境下习得知识，通过实践参与提升知识和技能的实用性，实现知行合一。

情境式学习立足于富挑战性、真实且略超出学生能力范畴的任务，以激发学生面临复杂场景时产生认知冲突，引发思考和探究。在课堂上，学生应自主发现问题，从具象思维

逐步转变为抽象思维，以此提高知识层次，最终实现从抽象到具象的思维转变。

（五）实践证明，高效的学习方法需依托团队协作和适当支撑架构

建构学习理论强调学生以自身方式构建概念之义。个体因其视角异同，形成丰富而多元的资源。通过合作学习，学生得以借鉴他人观点，全面深入地理解事物，反思固有看法，验证新思路，不断调整认知模式，重塑知识框架。在互动互学过程中，学生间的思维碰撞有助于提升其建构力，并助推未来学习及个人成长。

为促进学生学习及发展，提供必要的信息与支持服务被视为重要举措。建构主义者将此种辅助方式称为“支架式教学”，意在帮助学生克服认知困难，减少探索错误。

（六）适应建构主义理念，教育课程必需革新

建构主义指出，教学并非纯粹的知识灌输，而是在教师指导下，学生进行自我知识构建的过程。该理论注重学生新旧知识间的互动作用，用以逐步完善自身的知识体系。然而，由于仅能依靠个人力量达到此目的，学生被视为被动接受刺激的角色。故而，在教学设计中，教师应重视并培育学生主体意识，营造利于自主学习的课堂氛围与模式。

（七）成功实施课程改革的关键要素，就是遵循以建构主义为基础的教学原则，创建新型课堂教学模式

建构主义的学习环境主要由情境、合作、交流及意义构建四个要素构成。因而，适合该学习理论以及环境的教学模式可概括成以下特点：以学习为主导，教师赋予组织者、指导者、辅助者及启发者角色，以情境、合作、交流等因素激发学生积极主动的探索和创新能力，促使他们更好地理解和掌握当下所学知识点，并顺利实现其意义的建构。在此模式下，现行较成熟的教学策略包括情境式教学法、随机性通道教学法。

（八）实施基础教育课程改革，迫切需要运用建构主义理念来培育并塑造教师

新课改改变的不只是科目内容，更是深化了教学观念及策略。其中，探究性与建设性的学习已渐成主流理念和关键手段。期待教师能够有效引导并推动学生的探索及构建过程。为此，教师自身需接受关于探究式与建设性学习的培训，并深入领悟相应的教育哲

学，锻炼掌握相应的教学技能。唯有如此，他们才能灵活运用于实践教学，激励学生的学习主动性，培养其独立的思维能力以及探究的良好习惯。

第五节　我国的“双基”数学教学

面对高等数学课程基础薄弱且其内容具有相当难度的挑战，学生在学习过程中普遍面临困难，课堂效果不佳。在此背景下，唯有秉持“双基”教学理念，方能确保高等数学教学的高品质。

一、对我国“双基教学理论”的学术概述

1963 年，我国实行了以“双基”（基础知识、基本技能）为核心，并包含“三大能力”的教学大纲。其中，三大能力主要指基本运算能力、空间想象能力以及逻辑思维能力。然而，到了 1996 年，高校数学大纲针对“逻辑思维能力”作了更正，理由是尽管它是数学思考的基础，却并非关键部分。在此思想引领下，我国学生在数学基础方面获得了广泛认可。近年来，对三大能力的重视进一步深化，强调培育学生的问题提出及解决能力。在初中阶段的数学教学中，我们逐步突出了学生的数学意识、实践能力以及用所学知识解决实际问题的能力。“双基”教学理论的实施与发展给数学教育工作者带来了挑战，这使得研究和理解其含义及其在当前教育改革中的应用尤为关键。尤其在当下，加强高层次学校与初级学校间的数学教学联系显得极端重要。本文主要针对高等数学教学，从实践角度探讨双基教学理论的重要性，并分享了自己的心得与经验。

（一）关于双基教学理念发展轨迹的研究

“双基”教法肇始于 20 世纪 50 年代，历经 60 至 80 年代的广泛推行与深化完善，至今仍然不断创新。追溯其发展历程，主要在于研究教学大纲。自古以来我国教学皆以纲为主线，双基内容在课程大纲得以明确规定，双基教学因此根据大纲指引而诞生。可以说，大纲中知识与技能要求逐渐升级迭代，正是双基教学理念形成的具体过程。教材大纲作为双基教学的根本依据，随其对双基要求的逐步提升而不断强化。故此，只需对教学大纲进行历史回溯，便能清晰地掌握双基教学的演进轨迹，在此不再赘述。

（二）基于双基教育的深厚文化内涵

双基教学的孕育与丰富的传统文化密不可分，这种文化涉及到基础知识的尊崇和教育理念、考核制度等方面，深刻地影响着双基教学的实施。

1. 对基础理论的普遍认识

我国秉持基础至上的原则，基础的价值以常识普及到大众关注的视野中。如同沙滩无法堆砌摩天大楼，天空无法承载空中楼阁，筑起宏伟建筑，无坚实之基础则难以为继。同样地，从事各行各业，皆需奠定坚实基础，否则难言创新成就。“几乎没有文盲能取得创新成果”的论据，即是对“知识基础对创新至关重要”的生动例证。这一理念深入国人之心，由此可知，中小学教育被视为奠定深厚基础、积累必要理解后续学科以及生产实践与实际工作所需初阶基本知识技能的首要环节。扎实基础之后，方可发展创新、运用知识。因此，对基础的重视成为必然趋势。事实上，学生是通过掌握基础知识、技能，进而抵达更高层次，不可绕开这些基础而直接学习其他知识技能，以求创新思维或其他能力的培育。故而，通向教育深邃层面的康庄大道，便是基于基本知识、基本技能的铺陈，二者应构成我们生存发展的坚实起点。缺失基础，便意味着潜力缺位，无论中国武术、还是中国书法，无一不在强调稳扎稳打的基础原则，正是这种信念赋予双基教学内在的合理性和生命力。

2. 独特的文化与教育传统

中国双基教学理论起源于古老的儒家教育传统。孔子在大量的教学实践中提出了“不愤不启，不悱不发”的教育准则。这里，“愤”指的是积极思索，尚处疑惑之中；“悱”则描述了试图表达而不得之情状。由此我们得知，只有在学生“愤”和“悱”之时，教师才有必要对他们加以引导，帮助他们求解和表达。根据孔子的另一句名言：“举一隅，不以三隅反，则不教”，他期望学生能够领悟并掌握从一件事表达到其他类似事件的能力。这一思想被后人称为“启发式教学”的核心观念。

对于如何进行恰如其分的启发式教学，《学记》做出精准刻画：“君子之教，喻也。道而弗牵，强而弗抑，开而弗达……”意指在引导学生学习路径时，要尽量避免牵制和压迫，为他们提供适当程度的挑战和空间让他们自行思考答案。这恰如其分地体现出教师在启发式教学过程中的重要作用。单方面强调教师主导地位以及其启发性的特征深刻影响了双基教学。

对于学习之道，孔子曾明确指出："学而不思则罔，思而不学则殆。"意味着学习需要以理解为出发点，而思考则需要以学习为依托，两者应当相互促进，并不容忽视。在现代眼光来看，这就是创新源于思考，没有思考就无创新可谈，但是仅有思考而无学习也是行不通的。故此，双基教学注重知识的学习和反思。朱熹在同样的思路下主张："读书无疑者，须教有疑，有疑者却要无疑……"，其警醒人们学习时要敢于提问，以问促学，进而提升学术水平。所以，在课堂上，教师应鼓励学生提问，多设疑难课题，引导学生深思熟虑，探讨竟境，以此激起学生的好奇心，推动他们的思维发展。这种教学方式契合了双基教学问题驱动性特征，实实在在地传承和发扬了中国古代教育思想。

3. 考试制度有力推动了基础知识和基本技能的教学

中国拥有精密博大的考试体系，自隋朝始至现代，历经千余年的传承和发展，构建了完善的考试制度。学识积累的意义在于助力个人事业发展，如参与政治活动。在今日，考试亦是通向社会成功的桥梁。然而，广义的知识及技能相当复杂，若局限于基础考试，势必难以准确衡量考生的综合素质和实践能力。为此，教学大纲以坚实的双基本领，明确考试指向，教学亦因此更倾向于基础传授。然而，无论教学方法如何革新，均以巩固和提高双基为主导，这无疑增强了教育训练的效果。总而言之，双基教学理论既是对中华古老教育思想的传承，同时也受到了我国传统考试文化的深刻影响。随着新课程标准的实施，如何重新定义双基教育，以及如何保留并弘扬双基教学的传统，是我们需深入探讨的议题。

二、对双基教学模型特性的深度剖析

（一）双基教学模式的外化体现

双基教学法，作为一种教育理论，致力于提供坚实的基本知识与基本技能培训。该理论强调基础知识及技能在教学中的重要性。其主要贡献在于提出双基教学模式，接下来笔者将探讨这一模式的主要特点。

1. 双基教学法的课堂教学构架

双基教学在课堂教学方式上具有较为稳固的模式，基本流程包括知识与技能阐述——实际操作演示——反复练习和强化，这意味着，首先向学生阐明知识点与技能点，接下来教授方法和技巧，并进行实际应用实例解析，让学生亲自实践，掌握并熟练运用这些才能。典型的教学步骤包括"回顾以往学习——引入新的课题——详细解析解答——实例演练与巩固——总结归纳与作业”等五个阶段，每个阶段都有独特的目标和执行要求。

复习环节的重点在于为学生理解和掌握新知识做好铺垫，帮助他们有效地跨越理解和论证新知识的难点，防止认知偏差影响思考路径。在新课程的引入部分，老师通常会通过适当的铺陈或创设合适的教学场景来引导学生进入新主题，通过启发性的详解引导学生快速领悟新知识内容，自愿接受并认同新知识的合理性，即迅速明确什么、为何，然后以案例形式展现其应用，使学生了解新知识的应用方式，明晰如何运用新知识；接着要求学生自主进行习题演练，试图破解难题，通过实际操作，深化对新知识的理解，提高掌握新技能及应用的能力；最后对整节课程的核心内容进行简要概括，布置相关作业，通过多样化的课外任务，进一步提升技能水平，真正达到学以致用的效果。因此，双基教学具备较高的可控性和效率，各环节紧密相连，教师在此过程中扮演着至关重要的指导者、师范者或管理者角色，同时也积极地为学生提供思维引领和道路铺设，逐渐形成了具有中国特色的教学铺垫理念。

2. 双基教学法在课堂中的有效调控

双基教学作为课堂控制的高效模式，强调基础知识与技能的全面培养。课程设置明确具体，涵盖教授知识点及技能、设定教学目标、学生应完成的基础训练等各个方面。教师以此操控课堂流程，使教学秩序得以维护。有效的课堂管理确保了活动有规律且充分利用了课堂时间。教师时刻关注学生纪律执行情况，防范不良行为的产生并积极开展教学组织工作。

严谨有序的教学组织形式，不仅提升了教学效率，更有效遏制了无政府主义倾向。双基教学重视教师的有效指导和学生的实时训练，例如采用多元解题方法及变式习题的方式进行综合训练。教师发挥引导作用，通过提问和启发，激发学生思维活力，让其始终保持活跃状态。

我国教师的知识结构可通过相关比较研究进行深入探索。譬如，中国数学学者马力平所从事的中美数学教育对比研究揭示出中国教师在学科知识深度解读方面占有明显优势。

3. 实现双基教学的目标

双基教学强调基础知识与基本技能传授，提倡精讲多练的教学方式，坚信熟能生巧，目的在于通过记忆、掌握基础知识并熟练运用基本技能，以提升学生的学识水平及实践能力。在进行基础知识深度讲解时，我们也注重基本技能的精细训练，确保学生能从“是什么、为何如此、如何应用”等多个角度深入理解所学内容。此外，虽然双基教学关注基础知识与基本技能传授，但并不排斥基础能力及个人品质的培育，反而将其作为核心部分加以重点关注。例如，数学教育中，强调运算能力、空间想象力、逻辑思维这三项基础能力的重要性。因此，可以说，双基教学既包含了基础能力的培养元素，又对个性发展具有指导意义。

4. 关于双基教学体系下的课程理论

双基教学理论将“基础”视为核心概念，课程所涵盖的知识和技能并非高端领域的精华，而皆因其基础性质所决定。该理念强调知识和技能的入门级地位，重视课程内容的基础性和次序性。在课程编排方面，其以突出教学内容的逻辑结构和系统关系为特点，教材需遵循学科系统进行组织，并考虑适应学生的心理发展特点。它践行从实践案例切入，逐步推进、深入探讨，一步一脚印的教学模式。

5. 双基教学理论开放性的探究

双基教学并非固步自封式体系，在发展进程中不断汲取前沿教育理念以提升自身理论内涵。双基概念并非封闭，其内容随着时间推移而演变。综上所述，从外部视角看，双基教学理论主张教师高效操控课堂，注重授课与练习的平衡，重视基础和能力培养，明确提出知识技能的掌握及实践目标，构成了一套开放性的教学思维系统。

（二）双基教学内在特质要点

透过对课堂情境的深度剖析与实例解读，我国教育工作者在教学体验中提炼出“双基教学”的独特特点。以下是“双基教学”的主要特征：启发性、问题驱动性、示范性、层次性及巩固性。

1. 激发思考的能力

双基教学注重传授基础知识与技能，同时倡导要有启发性的教学流程，反对盲目的填塞，提倡采用启发式教学模式，废止“填鸭”或“灌输”式教育。教学活动各环各节都需带动学习者的兴趣，无论是教授概念、定理（公式）或者复习课、练习课，教师们都会娓娓道来，以涵盖了各种丰富多样的形式启发学生，提升学生的学习积极性，让他们踊跃参与到教学活动中来。教师们在课堂上往往运用“质疑启发”，即通过提出问题、责问、反驳、穷追不舍，促使学生深度思考某些问题，通过解答疑惑从而拓宽视野，掌握所学知识。在展示或实验过程中，教师们还会进行“观察启发”，借此利用实物、模型、图表等工具，引导学生观察，并思考问题，从中寻找答案。有时候，教师们会运用“归纳启发”，先行通过实验、演算得出特例，然后指导学生深入研究这些特殊素材，寻找其中的线索，最终推导出新的结论。而“对比启发”或“类比启发”则是通过比较相似案例，启迪学生大胆猜测新知识。因此，坚持启发式教学原则是双基教学的基本要求，也正是这种要求，赋予了双基教学浓厚的启发性元素。

比如，有些老师为了让学生理解数学归纳法的精髓，首先复习不完全归纳法，说明其为认识世界的有效推理方法，但其可信度相对较低，以打破学生原有的认知，即面对无限多的对象时，如何确保由特殊到一般的总结没有误差。接下来，通过举出一个生活中的例子，将摸球游戏类比到情境中：如果一口袋里装的全都是白色小球，要如何确认真正如此呢？鉴于数量庞大，逐一触摸无疑是不现实的，如果能假设“每次均能拿到白球”，就能大大节省时间，只需确保首次取到的确实就是白球即可。至此，数学归纳法仅进行两步工作便可做出关于所有自然数的结论的本质清晰明了。在这个过程中，鼓励性的问题及氛围是教师一手营造的，这充分体现了老师的引导责任，而核心在于教师如何引导学生思考，重点在强调学生“思考”本身。

因此，虽然观其表象，一堂课可能是教师滔滔不绝、学生被动聆听，但实则不然，学生的头脑正随着教师的循循善诱而活跃，进行着富有意义的学习。实际上，双基教学中，教师所做的一切都是为了激发学生的思考能力，为此构建了适合他们的学习支架，提供高效的协助以助他们建立新的知识体系。误解双基教学往往认为教师直接教授现成的知识，而事实上，它更多时候是引导学生自行探究新知识，这正是一种独特的探索策略。

采用问题导向型双基教学法强调教师的引导地位，通过教师精心策划，整堂课成为自然衔接、有序推进，仿佛被教师紧紧掌控，即使是微小的进步也能达成预期目标。课前，教师会以提问的方式帮助学生回顾旧知识，借助精心设定的问题情境，就“原有知识无法解答的新旧矛盾或问题”作重点强调，以此激发学生对更深层次知识探索的欲望，认识到即将学习的新知具有重要性及实用价值，并将课程内容设计为一连串的解决问题形式，持续通过启发、提问与讲解的方式进行推动。

双基教学模式下，教师设计课程时通常会考虑运用何种情境展现新旧知识的冲突或提出问题以引发认知冲突，激发学生对该课程的兴趣；同时，还会深度理解如何巧妙地引出概念，将问题以层级递进的方式分解，通过运用已有资源及新概念去解决问题等，以吸引学生集中精神进行深思熟虑，或者全心全意倾听教师解析问题或矛盾的方法和思维。并非简单地将大问题拆分为细小的问题呈现给学生，而是更常通过将授课内容转化为问题形式的提问或启发式问题，融入教师的讲解之中。这些问题即是课堂提问，也是无形的挑战，敦促学生的思维紧跟教师的引导。这种通过“显性”和“隐性”问题引导学生的思维活动（如提问和启发式问题），成为中国双基教学的一大特点。

课堂中的显性提问不仅有助于激发学生的思维潜力，亦可有效规范班风，防止学生思维分心。隐性启发问题的设置，使学生思维更加明确，避免盲目性，同时成为理解新知识时的助阶，使其自然攀升至理解的高峰。在解题训练环节，双基教学主张运用“变式”策略。通过反复练习深化对概念的理解，总结归纳解题方法、技巧、规律以及思维方式，助力知识向能力的转化。教师在不断变化的问题情境下，引导学生模仿、类比甚至独立思考，使其深度参与探索活动。这种依托变式问题的学习方式堪称双基教学的显著特点。

在双基教学课堂中，大量由教师提出的针对性问题促使全体同学沉浸于积极活跃的思维活动当中，思维始终处于持续高速运转状态。在教师各类问题的刺激下，学生自然投身于主动思考的洪流之中，对于教师在课堂上所传授的显性知识，他们几乎都能轻松理解，极少产生疑问。学生们正是在逐步深入思考教师提出的问题或者听取教师对相关话题的解析过程中，逐渐构建起自己的知识体系与理解，同时对教师的观念、思想及方法做出评估、批判、反思。从这个角度来看，问题驱动的特性无疑使双基教学成为一种富有意义的学习模式，而非简单的机械学习或被动吸收知识。正如从问题驱动式教学设计中可见，这正是双基教学注重启发性的体现。值得注意的是，过去因部分地区教师职业地位低，导致教师专业化程度不足，甚至个别教师表现出照本宣科、满堂灌输或予人以填鸭感的情况，这些都并非双基教学理念的产物。因此，双基教学中教师往往通过问题、悬念作为引子，授课过程中教师主控全场，不断以问题推动学生思考，引发学生反思，使学生在潜移默化中建立知识体系与理解，领略学科的价值、思想、观点及其应用方法等。

2. 示例性

双基教学中的一大显著特征便是教师的示范性。课堂之上，看似师生仅在知识传授与接收之间，但事实上，教师在此过程中无时不在以实例呈现，通过运用语言、揭示解答技巧、展现解决问题流程，乃至规定例题的写作格式，推广科学思维方法等多种形式，提供全面的行为范例引导。譬如，教师通过阐释各类例题，分解并明晰思考过程，从而塑造学生的问题分析能力、知识运用能力以及解题策略的掌握，清楚地展示了解决此类问题的方法。双基教学中，教师精准的例题解析无疑成为最大且至关重要的一种示范。同时，教师精细的讲解亦旨在向学生演示如何深入剖析，这是解题过程中的关键环节，培养学生分析问题与解决问题能力亦被视为教学目标之一。

典型例题作为体现双基应用的主要载体，其解题过程的分析更是帮助学生习得解题技巧的关键路径。在典型例题教学中，学生既可领悟至解题方法，又能透过解答例题，实践如何有效地分析问题及解决相应的变形问题。因此，教师在双基教学中，不仅是传授知识的专家，还是理解、思考、分析和应用知识的优秀示范者。人们常将双基教学视为记忆、模仿加上反复操练，这种观念中，教师曾翔实地提供了各种行为范例供学生借鉴。

然而，若无教师的示范指导，学生便难以在短期内熟练掌握这些技能。因此，双基教学中，教师的示范性角色令基础知识和基础技能的掌握变得轻松易行。教师的示范对学生特别重要，例如，当学生初次接触到几何命题的推理证明时，教师在书写表达及思路分析等方面的示范将会极大地推动他们的几何学习进程。教师的示范并非纯粹点缀于师生的互动过程之中，而是实实在在的行动指南。此外，教师往往采用主动发问并让学生作答的方式，来纠正学生在表达过程中可能存在的语病，或在黑板上示范学生的答案，这有助于改善他们的语言表达能力及为所有学生展示正确用法，对于学生在学术领域的深度沟通具有重大意义。

3. 梯次设计

双基教学蕴含了阶梯进阶的观念。课程的设计遵循由浅至深、适度节奏和合理步骤的原则，实现逐渐提升。对于概念原理的阐述，教师常用实例解释，引导同学们逐步领悟高层次的抽象概念。这种方式展示了双基教学的层次性的特点。实践训练在双基教学中的地位重要。练习活动的设计亦具备了鲜明的层次感。在训练计划中，针对不同层级的问题设置不同的解答阶段，如先进行基础练习，继而适应变式情况，再过渡到综合运用，直至达到专题研究水平。通过这种系统训练，同学们能够深入掌握知识，了解各种知识状况，以及熟悉应用环境。

4. 稳固性

双基教学具有两大内在特性：一是系统总结知识，强化知识点的复习巩固；二是知识的理解及应用非等同一事，须将两者结合，才能实现深刻理解并有效运用。所谓双基，即基础知识和基本技能，涵盖知识学习理解、记忆整理、巩固提升及实际操作四个步骤。双基教学优势在于整合以上步骤，形成知识的良性循环：新知识学习→应用实例→练习巩固，以此深化对知识的理解，提高知识运用的熟练度。课堂教学流程通常如下：复习旧知开启课程，包括新旧知识的回顾，旨在巩固已学知识，同时为新知识的学习做好铺垫；然后讲解新知，穿插各类应用范例和习题训练，以便学生深入理解、熟练掌握新知识，同时强化知识的应用，教学重点在于知识结构化和实际操作技能的强调；然后进行阶段性测试或考试，以检验学习成果。总结起来，双基教学主张以教师主导、学生主体的方式，重视基本知识、基本技能的传授及基本能力的培养，注重学法指导、运用多种教法，注重启发式教育、问题驱动式教学，引导学生层层递进地了解并掌握知识。

三、基于新课程理念下的“双基”学习

我国在数学教育领域深具“双基”传统，以其为根本。随着社会变迁及数学理论和教育思维革新的需要，我们必须重新审视和推进“双基”及其教学方式。对于“双基”的变化，新课程中的拓展部分以及原有的内容调整是关键线索。深入研究这些改变，有助于我们对在新课程环境下的“双基”教学进行更深入的探讨和实践。

（一）掌握新添内容之教学方法

在高校数学课程实践中，新增科目统计与概率被视为教师面临的挑战。解决方案首先需明确理解为何新增该门课程，架构于此，理解并正确解读“标准”对它们的定义。继而，我们将积极探讨创新性课程设计及组织策略。

科技日新月异，信息时代持续加速，由大量数据中提取有用信息、据此作出明智决策已成为常态。以此背景，统计学科通过研究数据收集、整理以及分析流程，为决策构建基础；各类随机现象无孔不入；而概率则深入揭示是类随机现象背后的规律，这种规律方法论为认识世界奠定了深厚的思考模型和问题解决途径，同时推动了统计学的理论化进程。因此，统计与概率科目纳入高校数学教育性价比极高，堪称社会发展趋势和日常生活需求的共同产物。例如，高二年级的“排列与组合”及“概率”模块下，重要的知识点之一就是“独立重复试验”。围绕这个主题，我们安排了二项分布理论并介绍了服从此分布的随机变量均值与其方差，让随机变量的相关内容更加丰富。再譬如，对“统计初步”的相关知识，我们在开篇即进行温习回顾，和初中阶段的学习形成良好链接。然而，初中阶段学完“统计初步”后，学生们大多未继续复习，所以容易忘记。为此，我们在编写本章节时特别注重结合初中“统计初步”的内容来讲解新的知识点。再比如，我们会强调“样本抽取决定全局研究结果”的概念，这将让学生明白掌握抽样方法至关重要。同样道理，讲解“总体分布估计”时，我们也会适当地复习初中所学的频率分布表和频率分布直方图的知识，提高学生学习效率。还有一点值得关注，学生在学习统计与概率过程中，将有机

会锻炼抽象概括、算法求解、推理证明等多方面的能力，这将是对他们学业和综合素质的全面提升。

数学的核心在于推理与证明，此乃其作为工具推动理性思维进程之关键所在。因此，在数学教育中提升学生的推理与证明能力至关重要。相较于其他学科，数学的独特之处在于其内部规律的精确性需以逻辑推理形式进行验证；且在数学实践过程中，合情推理亦被频繁运用来得出猜想和发现结论以及探究解题思路。故无论学生是涉足数学领域抑或是培养理性思维能力，皆应深化对该主题的学习与训练。为此，特增设“推理与证明”基础课程。在教程中，我们将采用显式教学方法，将知识碎片整合至系统化课程中。同时，依托先前所学内容，我们致力于挖掘知识点并加以专门强调和整理，让学生能够深入理解和体验如何掌握科学合理的思考方式，洞察推理与证明在数学认知及日常生活中的重要性，从而提高他们的数学素养。譬如，通过解析凸多面体各构成要素间的数量关系，以及平面内圆形与空间球形间在几何元素及其属性上的类比关系，展示归纳与类比这两种主要的合情推理在推测结论、探究解题思路中的价值。此外，我们还会收集各种法律、医学和生活实例，以实际例子阐述合情推理在现实生活中的应用与价值。

（二）在课程教授过程中，务必加深同学们对基础概念与哲学思想的认识及掌握

在数学教育中，必须加强对数学知识的全面认知与深入理解，包括基础知识、技能培训、推理证明及实际应用等多个层面。以下是实现此目的的教学策略：

首先，教师需深刻领悟诸如函数、向量、统计、空间思维、运算、数形结合、概率等核心概念及内在理念；其次，通过高校数学跨学部的教育模式 、多元接触及知识关联性培养，以问题解决为手段提升学生的深度理解。例如：函数概念虽不易掌握，但通过反复接触与理解，运用合适的问题设计与情境设置，激发学生积极探索欲望，同时需引导他们探究函数构成元素、学会使用集合等现代数学语言、优化函数的符号化、格式化表达等。接下来，通过探讨基本初等函数——如指数函数、对数函数和三角函数——进一步感受函数概念的内涵与作为高校数学核心概念的原因。并且在“导数及其应用”课程中，利用函数性质研究深化对函数概念理解，等等。在此过程中，通过实例分析，尤其对无法仅靠图形描述的分段函数等进行详细解析，结合函数模型应用实例，强调对函数概念本质的理解，同时避免过度依赖技术性训练，诸如定义域、值域的求算等，以免给学生过分复杂、繁琐或人为操控过度。

（三）提升对学生基础技能培养的力度

熟练掌握各类基础技能至关重要，对数学学习大有益处。譬如，学习概念时要培养举一反三的思维；领悟公式法则，不仅锻炼掌握程度，更需注重理论根源的理解；演绎证明过程中，既讲究逻辑推理方式，又关注合乎逻辑推理的思考方式；空间几何学习中，不仅练习基本图形识别，更需综合全局观，注重由总局到细节及从细节到全局的辩证关系；学习统计学时，引导同学亲历数据处理过程，从实践中探索如何提取信息。然而，过去的教育界过于强调“纸上谈兵”的技能训练，忽略重要的核心内容分享，导致学生对数学产生疏离感。因此，我们提倡全面看待学生的基本技能训练，它并非仅包含知识获取，还有以知识为载体提升学生的数学素养，深化其对数学的认识。实际上，数学技能的锻炼，远不止传统的运算、推理、作图等技能，新时期还应涵盖更多技术手段。

举例来说，我们应该致力于培养同学们以下几项技能：高效心算和准确估算的能力；灵活运用计算机或者计算器的技能；恰当运用各种表格、图形、打印成果和统计方法组织、诠释和提供数据信息的能力；清晰表述难题的能力；以及选择最适合数学方法的能力。简而言之，时代和数学的发展推动高校数学技能的变革 。因此，教师需要根据这一趋势，调整基础技能的理解与训练方式，对于部分过往认知，若已被现代工具取代，则无需继续加强。

（四）引领学生主动投入课堂互动，让他们通过自身感悟与创新，深入学习数学知识及其核心含义，夯实基础理论

随着数学教育改革的深入，教法及理念逐渐革新。然而，目前的数学课堂仍普遍存在教师充当导演角色，学生以单纯模仿记忆为主要方式进行学习的情况。传统的授课模式将教学变为老师自编自演、形式单调的“剧本秀”，鲜少关注学生的参与度。

为了激励学生主动投入教学，发挥其潜力，通过心灵感受与创新思维深度学习数学，领悟并掌握基础概念和知识，备课应从全方位思考，不只教授知识点，更应注重引导学生的参与，教授些什么，不教些什么，何时教授，何地教授等微妙层面，以及如何对话，何时发问，及提出何种问题辅助学习者了解基本概念和基础知识等。例如，讲解函数概念时，可列举具有多元背景且数学共性显著的实例，共同剖析其特性，推动学生自我总结利用集合与对应来描绘函数的定义。只有激发学生的兴趣，唤醒其思维活性，才能有效提升

教学效果。实践中需持续探寻并积累经验。

（五）利用几何学方法解读基本原理及其内在联系，深入揭示基本概念及基础知识的深刻内涵

几何直观作为数学学习的关键因素，具有独特的启发思维与理解的能力。本文将阐述其重要性及如何运用它进行“双基”教学。徐利治教授指出，真正的理解需要直观理解。因此，在“双基”教学中，鼓励学生通过几何直观展开思考，探索科学对象的性质与关系，并掌握利用几何直观进行学习的方法至关重要。举例来说，在函数学习中，部分函数关系只能用图像表达，比如人的心跳规律——心电图，以及导数学习中，通过图形理解导数在探究函数变化时，如增减、增减速度、范围等问题的实施效力。了解在何种函数图像下，导数符号决定函数增减，进一步突出了几何直观的应用价值。同样，在不等式学习过程中，重视直观化设计，充分展示几何直观在学习各种基本概念、基本知识及整体数学学习中的价值及影响，让学生逐步掌握数学的思考方法和学习技巧。尽管如此，教师自身也需要全方位地理解几何直观在数学学习中的作用，例证、分析其可能产生的偏差。例如，当涉及到指數函數 $y=ax$ 的图像与直线 $y=x$ 關系時，以前的教材常較為特殊化地選擇以 2 或 10 作為底數，导致图像总是位于直线 $y=x$ 之上，这就容易产生对相关概念及結論理解的偏颇和误判。因此，教育工作者应尽力避免此类由于特殊赋值和特殊位置的几何直覺而导致對概念和结論理解的片面性和錯誤判斷。

（六）善用信息技术革新学习模式，深化掌握基本概论与基石知识

现代信息技术的广泛运用对于数学学科的教学造成了深远的影响，包括课程内容、教学方法以及学习模式等多个方面。这项技术的优越性主要体现在以下几个方面：其快速的运算能力、豪华的图形生成与编辑功能以及强大的数据处理能力等。为此，在教学实践中我们应该把重点放在如何将这类科技手段与教学相融合，运用它们优异的性能来协助同学们更深入且准确地掌握基础的概念和知识点。例如，在讲解函数相关知识点时，我们可以利用计算器、电脑绘出函数图像以探寻其变化规律，研究它们的性质并求解不等式的近似解等。特别是对面向指数函数性质的教学来说，我们可以选择先展示出诸如 $y=ax$ （$a>1$）等复杂函数的图像，并通过观察来教导同学们发现 a 的变化如何引发指数函数图像菊花般多态的互动，其中无论 a 值如何调整，图像都会过原点（0，1），而且 a> 1 时函数呈

单调递增趋势，a≤1 则递减。

据科学调研显示，高等数学教育质量受制于高校数学教学与中学数学教学的分裂状况。表现出来的不协调不仅表现在教材内容的衔接环节，还反映在实际教学中学生的培养要求上。例如，在求极限这一数学知识点中，学生在课堂上无法利用三角函数的和差化积公式，究其原因，大多数学生的父亲表示："我们高校老师说了,这个公式不用背,因为试卷上都 。"是直接给出的，所以直接用就好了但是这种做法却导致学生在基础知识的积累上存在严重问题，给他们的高等数学进阶学习带来了许多困难。为了改善这种基础教育与高等教育严重分离的现状，我们需要进行教学经验的不断反思，对所有教育教学理念及教材内容进行重新审查和评估，逐渐与我国的教学改革步伐保持一致；同时在基础教育阶段，我们要遵循"双基"理论强化"双基"教学，以此为同学们未来的学习之路打下坚实的基础。

第六节　初等化理论

近些年来，国家加大了对高等数学教育的支持力度，加上社会对专业技术人才需求的转变，促使高校的规模迅速壮大，招生范围也显著拓展。然而，这种变革伴随着学生群体结构的复杂化，特别是大量中等职业学校毕业的学生涌入大学，他们的文化基础相对薄弱。这导致他们需要极大地加强数学思维能力和提高数学思想意识，以应对高等数学课程的学习挑战。毕竟，高等数学被视为大学阶段的重要基础课程，是各类专业广泛运用的基础工具。

然而，需要认识到的是，高等数学教育并非仅仅关注逻辑严密性和思维严谨性的培养，而应该转向培养实践素质与思维创新性的融合，从而提升学生的文化修养并增强他们的就业竞争力。对于高等数学教材来说，过去的版本存在一定程度的不合时宜之处，内容缺乏实用性且难度过大。为了适应这种变化，近年来教育部多次组织全国高等数学教育产学研经验交流会议，为高等数学教育的改革提供了新的思路。我们新编写的教材在针对性和定位方面进行了巧妙设计，整合了"必需、够用"的原则，在保留高等数学基础性的同时，适当保持其科学性与系统性，同时强调其作为专业课程基础的工具性质。此外，教材的模块化编排也为分层教学和选择教学提供了便利。我们在高等数学教学中，摒弃了以往偏重理论忽视应用的倾向，将数学更好地用于专业服务，注重理论与实际相结合，加强基本计算能力和应用能力的锻炼，完美契合了应用主导的主题。

数学对于塑造人类理性思考至关重要，掌握的数学知识及思想可时刻启迪我们并助我们走向成功。在高等数学教学中，着力传输理念，以深入开拓学生视野，提升其对数学的热爱及其应用能力。高等数学是现代工程科技及科学管理之基石，尤其在高校高专教学领域中占有重要地位。因此，倘若在高等数学教学实践中，采用初级直观的方法解决该方面问题，无疑能够有效激发学生的学习热情，使他们在理解实际问题的同时，能用多元视角、多样算法来应对。

微积分，作为高等数学的核心，是学校及企业众多专业必修课程。微积分教学的改进显得尤为紧迫，其中“初级化微积分”或许是颇具参考价值的方向。初级化微积分，即跳过极限论，直接探讨导数和积分，这契合了人类认识世界的规律及数学发展历程。回顾微积分的历史，导数与积分先诞生而后有极限论。现实中，求积以及变化率问题的大量存在催生了导数与定积分的出现，而为了使微积分理论更为严密，才有了极限理论的诞生。微积分的学习，始於现实问题，通过研发、设立导数与积分概念，让学生掌握数学应用于实际问题的思维方式与解题技巧，进而提升他们运用数学技能解决实际问题的能力。按照传统微积分教学法，数学应用的重要性被弱化，因为它需首先讲解极限理论；相比之下，初等化微积分做法则可率先从实际问题入手，省略极限讲解，更加切合当今数学研究与学习倡导“问题驱动”原则。在初等化微积分体系下，积分观念建立在公理化基础上，由积分学引导，学生将了解到数学公理体系建立的过程，领悟公理化方法的实质，学会怎样通过分析，从杂乱信息中找到根本元素，透过推理机制表述其他具体事实。这类学习经验对学生未来运用数学知识具有极大益处，为更高层次的学习奠定坚实基础。

在初等化微积分的教学过程中，我们采用精心筛选和论证的实际案例来引导学生理解和把握可导函数这一核心概念，让同学们能够清晰地观察和认识到，何为问题的生成、如何构建相应的数学模型以及如何从这样的实践经验中提炼出富有指导意义的数学概念。此外，将先前已在中学阶段接触过的、涉及导数描述曲线切线斜率的经典问题作类比处理，有助于学生进一步体会到同一实际情境下其实可以运用多种数学手法加以求解，深化他们对于发散性思考与探究精神的认识和体验。在高等数学的初级教程里，我们坚定地秉持以直观描述的方式介绍极限理论，避免使用艰涩难懂的语言表述，使得课程学习的难度明显降低，充分展现了数学简洁之美的魅力。

一、微分学部分

在微分学这一学科领域中，我们采用了传统而成熟的“头部”加初级化的“尾巴”

的讲解方式。所谓的“头部”，即是指我们按照历史悠久的原则，依次深入浅出地阐述“极限——连续——导数——微分——微分学的实际应用”等各个环节，其中，对于极限理论这一核心要点我们进行了深度挖掘，使得同学们能够熟练掌握将极限问题的证明转化为无穷小的深度探究的技巧和策略；至于“尾巴”部分，则引入了强大的可导性概念，通过简单明了的方式介绍了可导函数的特性及其与特定点处导数之间的关联。同时，我们还将“微分之初等化”作为微分学这一教学过程的补充，为后续积分概念的导入以及积分运算的实施打好坚实的基础，建立了有效的联系桥梁。这种教学模式不仅能够让同学们从另一个角度理解导数的含义，更为关键的是，它能够揭示数学概念背后的深层逻辑关系，开拓同学们的视野，深化他们的数学思维，激发他们勇于挑战和创新的自信心。

二、积分学部分

在积分学部分的讲解过程中，我们采用了初等化的方式，即先由实际问题导入，进而逐步引入并构建出公理化的积分概念体系。随后，利用可导函数的若干性质，我们成功地推导出了著名的牛顿-莱布尼茨公式，从而有效地解决了定积分的计算难题。实际上，我们旨在通过这种方式，不仅让同学们深入理解积分知识，同时也能帮助他们系统地领略到数学中的公理化思维，针对实际问题探寻多元的数学解题方法，这无疑对提升同学们的数学素养具有积极深远的影响。

由于导数、积分这类概念其实仅仅是一种特殊类型的极限形式，那么如果我们成功把极限纳入初等化处理过程的话，自然就能够实现导数及积分的初等化转化。因此，我们可以完全保留原本经典且成熟的微积分授课顺序，仅仅将重点放在极限概念的初等化处理上，这意味着我们不再使用抽象的语言，而选择更加形象生动的描述性语言来讲述极限的概念。尽管与传统微积分教学模式相比，这种方式的变革并不显著，但它可以赋予同学们更为鲜活、直观的理解以及进一步证明与极限主题相关的各类问题的能力，有助于全面塑造和提升同学们扎实严谨的数学思考和论证能力。在高等数学的教学实践中，我们主张以简洁明快的初等化方法展开教学活动，既能够适应现代高校教育的内在要求，从而满足广大学生群体目前所处的现实状况，同时也能确保他们充分掌握所需的高阶数学知识及其背后的数学理念，为未来的学术发展和深入研究打下坚实而稳固的基础。

第三章　高校数学教学模式

第一节　高校数学主体性教学模式

数学作为一种自然科学类别，相较于其他学科展示出了其独有的探索深度和复杂性。在高等教育体系中，大学数学课程较之于中学阶段所学数学知识更具挑战性，因此，要进一步提高高校数学教学的效率，就必须刺激并充分挖掘学生对数学学习的内在热情和潜力，突显他们在数学学习中的核心主导地位。而整体来说，高校数学主体性教学模式正是立足于尊重并突出学生主体地位这个基础之上进行的深入教学实践和创新性的探索，通过将数学课堂的主导权交还给学生，使他们能够自由地展现自己，真正成为高校数学课堂的主导者，成为数学领域学习的真诚爱好者与实践者。

一、高校数学主体性教学模式概述

在高等学校中，主位化教学模式乃是一种侧重于以教师作为主导者，学生为主体的角色定位，并围绕着学习活动展开的综合性教学方式。这一模式充分体现了我们尊崇“以人为本”的鲜明教学理念，同时也符合素质教育的总体需求。它革新了传统的数学课堂教学方法，使之更注重学生的学习体验，从而更好地挖掘和调动他们的数学潜力，培养出他们对数学学习的主动意识以及独特的见解力和个性化的学习特征等方面。总而言之，主位化教学模式更加关注学生的数学素养的提高，同时也致力于塑造一个充满生机活力，真正体现了以学生为核心的课堂环境。

二、高校数学主体性教学模式构建原则

高校要想充分发挥主体性教学模式所蕴含的独特教育优势，就必须严格恪守一系列基本原则进行教学实践。在这其中，首要的便是以主体性为原则的建构策略，即强调将学生

作为课堂学习过程中的主导者，运用一系列行之有效的手段来激发他们的主体意识，唤醒其内在的学习潜力，让他们主动地将学业转化为自身的需求。同时，也要遵循活动性的原则，因为唯有通过学习活动和同学们之间的互动才能够真正实现学生主体地位的落实和实现。因此，高等院校的数学教师有义务在教学中贯彻这一原则，精细设计各种教学活动，以期达到最佳效果。此外，合作性原则也是不容忽视的一环，团队学习作为高校数学教学中常用的一种学习方式，对提升学生的社会适应能力及加深同学间的学术交流有着极大的促进作用。最后，教师还应秉持创新性原则，因为创新精神乃是数学教学的灵魂所在，唯有不断推陈出新，方能有效提升学生的数学思维水平和质素。

三、高校数学主体性教学模式开展策略

（一）激发学习动机，乐于自主参与

高等教育中数学学科的主体性教学模式有必要且关键性的使命就是要积极地引发并增强学生的学习积极性，使得学生乐于自主投入到数学知识的探索和领悟中来，以此来推动数学学习方式从被动接受向主动探究转变，实现真正意义上的个性化自主学习。

首要任务，便是营造富有趣味性的学习氛围，激发起学生对数学知识的浓厚兴趣。与此同时，激发学生学习动机的核心驱动力源泉应该聚焦于激发其兴趣，因此，高水平的数学教育者必须敏锐洞察到数学学习的特性，有目的地优化和设计适宜的数学学习情境，有策略地弥补传统教学方法中普遍存在的枯燥乏味、脱离实际的弊端，利用创造教学情境的手段，为学生揭示数学学习的实际背景和实际应用价值，从而触发他们对数学知识的探索欲望，进一步促使他们以高度自愿的态度自主参与到数学学习的过程中来，全方位地展现出自己在学习过程中的主导地位。

紧接着，我们需要引导出学生对学习内容本身的渴求和探究热情，开展自主式训练活动。学生的学习需求无疑是提升主体性教学模式有效性的核心要素之一，这就要求高层次的数学教育工作者必须能够立足于学生独特的认知特质与数学教学内容，有目的地优化数学教学方法，让问题成为推动和促进学生学习需求的主要力量，唤醒并激发学生自我提问和探究的意识，引领他们进行深度自主思考和独立实践，使他们在强烈的意愿驱动下去展开自主训练，进而取得更好的学习效果，达到真正的学习主导地位。

（二）优化活动设计，确保全程参与

我国高校所提倡的数学主体性教育模式，其核心理念在于以学生为主体，将数学课程打造成为他们自由活动与施展才能的广阔舞台。为此，数学教育工作者必须致力于优化日常的教学方法和方式，努力为学生提供更多的实践锻炼和展示自我的机会，搭建起一座座坚固的知识传输桥梁，让每一位学生都能全程参与到这个过程中来。

首先，我们需要明确定义并精心设计各类适合学生的活动，高校的数学教师们需逐步改变过去过于强调“教授”而忽视“学习”的传统观念，树立起对学生“学习”导向的设计理念，通过细致入微的授课活动安排，充分发挥教师自身的引导作用，依托于学生的具体学习情况以及相应的数学教学内容，始终把学生作为活动的核心，致力于推动以学生为中心的学习活动开展，同时给予每位同学充足的思考与动手实践的时间与机会，确保活动实效，避免形式主义，深度加强学生对于学习的感触与体验。

接着，高校数学教师应当积极倡导并采取措施拓展学生的学习时间和空间。学生在进行数学学习活动设计时，必须要有充足的时间和充分的空间作为前提条件予以保证。教学工作者应根据实际的数学教学需求，采取多种策略和手段进行学生学习时间和空间的扩大。在学习时间方面，教师应当解除对课堂的过分依赖，将学生的学习活动向课前课后进一步扩展，重视对于学生课前自学行为的正确引导以及课后实践活动的深入展开；而在学习空间方面，应该将数学学习从课堂这个狭窄的空间向更为广泛的生活、社会等领域拓展，从而为学生创造出更广阔的活动天地，使得数学学习活动真正融入每个人的生命之中。

（三）推动全面合作，提升参与广度

在高等教育领域，数学课堂的教学模式的改革和创新必须充分重视对学生主体性的关注和培养。尤其是，合作学习作为一种重要且不可或缺的教学手段，对于推动师生以及生生动脑筋的互动合作都有着十分积极的作用。这种教学方式可以极大程度上提高数学课堂的生机和活力，使得学生能够有更多机会进行深入的思维交流和碰撞，从而提升他们在数学方面的思考广度和深度。

首先，我们应当注重推动师生间的合作关系。这是在高等教育阶段实施数学主体性教学模式中的一个至关重要的环节。正是由于师生合作的存在，才得以真正突出体现出数学

课堂教学中的“双主”地位——既教师主导，同时也强调学生成为学习的主体。借助师生合作的力量，可以使得教育教学工作得到更好的推进，实现教学相长的良好效果。而作为主体的教师，则可以在具体操作过程中不断优化教学内容与方法，让学生们在教师的指导下更为准确地把握学习的重点，并且及时进行学习策略和行为的修正。

其次，其次，生生合作同样是高等教育阶段数学课程教学的一种重要形式，而且是最为有效率的教学方式之一。在实际教学过程中，教师应该根据实际情况，合理安排学生间的互动，特别是对于那些学生依靠个人自学可能无法解决的问题，更应该尽力激发同学之间的团队合作精神，借此来鼓励学生们进行深入的互助讨论和交流。这种做法不仅有助于提高学生们的团队协作精神，同时还能促使学生们在思维上产生碰撞，进而构建起全员参与的主体性教学模型。

总的来说，高等教育阶段的数学主体性教学模式紧随素质教育的呼吁应运而生，其主要目标在于全面关注和推动学生数学素养的成长，不仅要注重培养学生的自主学习能力，还要激发他们的创新思维和个性化学习。所有从事高等数学教育事业的老师们，理当充分利用主体性教学模式这个重要工具，深入挖掘其中所蕴含的潜力，不断尝试新的教学途径和方法，逐步优化课堂教学模式，最后找到一条适合自己的教学模式构建道路，从而全面提升高等数学教学的整体质量和效果。

第二节　高校数学课程教学模式

作为高等院校的重要学科之一，数学教育涵盖的知识点普遍较为深奥且抽象，且其中包含了大量概念与定理。这就对学生在理解和运用中所需具备的逻辑分析及思维想象力提出了颇高要求。然而，从过去常用的高校数学课程教学方法角度看，现行模式仍主要依赖以教师为中心的理论性灌输教学方法，这种方式实际上不利于大学生们深入理解并掌握高等数学的概念与原理。正因为如此，长期以来的数学课程教学过程中始终面临着师生间互动交流不足、课堂气氛沉闷、教学效果不理想等棘手问题。因此，迫切需要在教学改革的大背景下，积极探索出更加科学有效的课程教学新模式，从而提升整个高等院校数学课程的教学水准。

一、高校数学课程教学模式中存在的问题

（一）传统的数学课程教学模式

首先，我们需要正视的问题便是过度强调理论层面的教学，即对学生进行过于深刻和全面的知识灌输。纵观当下各大高等教育机构所教授的数学课程，虽然在教学改革不断深入发展的时代背景之下，多数学校仍在主要依赖传统的授课方式来展开教学，尤其是针对某些较为棘手的计算公式以及逻辑推导过程，如果仅仅采取运用多媒体等先进的教学工具，往往难以达到良好的讲解效果，此时多以传统的知识灌输为首选，如此一来，诸多抽象的定理和公式便被机械地传授给了学生们，而在很多时候，一堂课过去后，学生们依然未能完全消化吸收课堂所学内容。同时，这些难度较大的定理和公式在讲解过程中所耗费的时间较长，使教师与同学之间的交流机会变得更为稀缺，从而使得师生在课堂中犹如两条并行的“直线”，彼此间缺乏有效的互动与沟通。

其次，我们应着重关注的另一大问题是课堂教学体系的固定性。在普通高等院校的数学课程教学中，多半会将精力主要集中在打牢高等数学基础理论方面，而对于高等数学在实际生活中的具体应用，及其与相关学科之间的交叉影响等方面的重视程度严重不足，以致在制定课堂教学计划时，过分依赖基础知识的传授，而对高等数学应用价值的体现略显不足。这种现象对学生个体而言，他们学习数学课程的初衷更多只是为了获得所需的学分并应对相应的考试要求，对此，无疑不利于提升学生们在数学领域内的实践应用能力。

（二）教学方法缺乏创新性

从传统的数学教学方式来看，它主要是基于理论性的讲授，在此基础上适度地融入一些现代教学手段，例如通过 PPT 演示文稿进行授课，或是实施微课堂教学等等。然而，尽管如此，这些新型教学方法的实际效果却往往并未达预期，其中一个重要原因便是在运用这些教学技术时，仍无法彻底摆脱过度依赖教师主导的教学模式。

另一方面，我国现阶段的大学数学课程教学内容普遍存在着偏陈旧、鲜有新意之感。大多数高等院校的数学类课程都遵循同一套教材教材和多年来一成不变的教学大纲体系，这使得整个数学课程教学过程显得呆滞古板，知识架构因无法根据学生个体的差异而做出

相应调整，从而导致不同程度的学生间成绩差异显著扩大，尤其对那些成绩相对较弱的大学生而言，数学学习的兴趣逐渐减退，甚至有人干脆选择退出数学领域。

二、“以学生为中心”高校数学课程教学模式的创新建议

（一）积极转变传统的教学模式

我们所倡导的“以学生为主体”的教育观念，其核心在于回归到传统的课堂教学中来，切实重视并突出学生在课堂上的主动性和积极性。比如，通过采用各种互动性的教学方式，吸引学生积极参与到课堂议题的探索之中；又或是引导式、启发性的教学策略，推动大学生自主思考，进一步提高他们的逻辑思维能力等等。为此，我们可以采取如下几个方面的举措，以实现“以学生为主体”的教学模式的改革创新。

首先，我们提倡采用“学案式”的教学模式。具体而言，这种教学模式的主要教学过程包括以下几个步骤：“导入—展示—自主学习—交流—问题引导—习题训练—测试—分层作业”这八项环节。在学案式教学模式的实施过程中，学生在整个课堂教学活动中的角色和作用得到了充分且显著的体现。无论是从自主学习阶段，还是到同学间的互助共享，都将学生视为主导者，帮助他们形成浓厚的自主学习意识。而后续的问题引导、习题训练，甚至于测试环节，实际上都是教师针对学生普遍存在的问题进行有针对性的教学指导，同时也是对课堂中学生主体地位的重视体现。至于最后的分层作业部分，更加淋漓尽致地体现出“因材施教”的理念。通过为不同层次的学生量身定制适合他们自身水平的课后作业，可以有效地促进各类学生的共同进步。

其次，应深化高等学校数学课程的教学设计。高等数学涉及众多定理和公式，逻辑严密，具有一定难度，且作为各个大学的必修课程之一，其授课时间较为紧张。常常会出现教师为了按时完成教学进度，导致课程讲解过于紧凑，以至于大部分学生在一堂课结束后仍感到困惑和茫然，不知所云，所学到的知识究竟为何物。所以，我们迫切需要改变现有教学计划，对高等数学的教学内容进行适度的调整和重新分配，并相应地延长课堂教学时长，确保教学内容与课程时间相匹配。具体来说，我们建议做到以下两点：一是根据学生的兴趣爱好和知识点接受程度来合理调整教学内容。在高校数学课程的教学结构设置方面，可尝试结合微课、慕课等现代信息技术手段，了解学生对课程内容的掌握程度，并据此在课堂教学中展开针对性的讲解。同时，也可以及时通过课后习题反馈、考试评估等途

径，找出学生群体中普遍存在的问题，进而进行深入的教学引导，尤其是针对基础理论知识的教学，务必使所有学生都能扎实掌握。二是适时引进讨论式教学。传统形态的高校数学课堂趋向枯燥乏味，课堂互动性不足，这时就需要尝试引入新的教学方法，如讨论式教学。教师应在熟悉课程重点、难点的基础上，精心设计话题讨论，例如针对习题、生活例子等进行探讨，继而启发学生利用所学理论知识分析实际问题，并且及时引导学生反思并解决讨论过程中所遇到的难题。

总的来说，我们可以通过引入学案式、讨论式以及微课等多元教学模式，从根本上革新旧有的单一理论灌输式教学机制，全面提升学生在课堂教学中的主导地位，并借助更为和谐的课堂互动环境，从而大幅度地提高数学课程的教学成效。

（二）引入“以学生为中心”的教学方法

在当前高等教育领域内各类学科都面临教学改革的背景下，教学手段得到了显著的进化和革新，呈现出多元化发展的趋向。其中，“以学生为核心”的教学理念，倡导选用分层教学和合作学习作为主要的教学策略，并对此提供以下详细的实施建议。

首先，我们建议实施分层教学的方式。分层教学的精髓在于根据学生的个性化差异进行分阶段的教学指导，即是我们所熟知的因材施教。总体而言，学生在数学知识领域的认识能力存在显著的个体差距，尤其是涉及逻辑推理方面的知识，教师便需恰当利用分层教学的策略来根据各类学习者的学习水平制定出相应的教学计划。值得关注的是，在运用分层教学的方式时，应重视课余辅导工具的补充，例如网络教学互动平台、微信和微博等新兴媒介，以及设定符合各个学习层次需求的课后练习任务，使学生能够依据个人学习水平自由选择课后作业，从而达到分级教学的预期成效，并使得不同层级的学生均能紧跟教学进程。

其次，我们应加强课堂教学中的合作学习模式。堅持“以学生为中心”的理念进行课程教学活动的核心，除了实现师生间的有效沟通以外，更期望学生之间得以充分的交流讨论。实际上，在实际教学过程中，教师可通过引导学生分组进行某一主题的深入讨论，持续约 10 分钟后，汇总每个小组的讨论成果，这种教学方式不但有助于培养学生们之间的互動交流意识，同样有助于拓宽他们的思考空间，提高他们的逻辑思维能力和解题技巧。这种集体协作的教学模式也可延续至课外学习训练中，适用于一些深度探讨性的课题研究，学生们可在课后进行积极探讨，并在次节课程中共享讨论成果，从而全方位地激发学生的学习兴趣和动力。

最后，我们主张在讲授新课程前提出相关问题，鼓励使用启发式教学的方法。教师在授课前可通过描绘生活场景、科学案例或者小组讨论的形式，提出引发学生思考的问题。如此一来，当学生带着问题进入课堂，就能更集中地投入学习，并在课程结束之际，揭晓开启该课题之前所提之问题的答案。在此过程中，教师需要明确：设置疑问，传递线索，解答疑问三大环节，确保在整堂课程的教学中，清晰地梳理出教学流程，从而帮助学生们从个别知识点逐渐扩展到完整的知识体系，鼓励学生多角度、多维度地掌握课堂知识，促进其综合性思维的宏观发展。然而，须警醒的是，启发式教学必须与协同式教学、备忘录式教学相衔接配合，在教授方法之间需要保持良好的灵活性和机动性，才能发挥出教学方法的最佳效果。

在当前阶段，我国高校数学课程教学改革的进程相对较为缓慢，这主要源自于高等数学的深度、复杂度及逻辑性都极高，使得大部分学生在理解和掌握这些知识方面存在一定的困难，再加上众多定理以及公式往往需要借助于传统的讲授式教学方式才能得以传授，因此，整体教学效果的提高相对缓慢。经过深入探讨后可以发现，唯有全面激发与调动高校数学课程教学中学生的主观能动性，方能使传统的数学课堂焕发新的活力，最终达到有效的课堂互动效果。举例来说，可以引进启发式教学、分层教学和学案式教学模式等等，总而言之，我们都应当尽可能地激发并释放出学生在课堂上的学习热情，培养他们的自主学习能力，使他们能够更好地将所学理论知识运用到实际操作中去，从而更为直观地感受生活中所无处不在的数学魅力，进一步推动高校数学课程教学改革向更加高效的方向迈进。

第三节　新媒体高校数学教学模式

新媒体是互联网时代的产物。它利用网络的优势来整合资源，为人类提供更加便利的生活。目前，高校的数学教学手段仍较为传统，这对提升大学生的综合素质水平是十分不利的。利用新媒体对数学教学模式进行创新，为学生提供多元化的教学资源，只有如此，才能够真正发挥出高校教学的优势。

一、新媒体支持下的数学教学相关内容综述

（一）内涵

在过去的传播模式中，大部分传统媒体倾向于采用单向广播式的播出方式，即传播者

向广大受众发布信息，而受众只能被动接受，这种传播方式就好像是中间隔着一条鸿沟，处于两端的传者和受众难以形成互动。相较之下，新时代的媒体传播形式发生了翻天覆地的变化，现在我们能通过新媒体平台实现实时的不限渠道的双向信息交流，这种交流不仅包括面对面的交谈，还包括点对点的精准传递，以及采用互联网这种快速高效的媒介传输视频、文字等多种类型的多媒体信息。新时代的媒体传播不仅具有人性化、灵活性和互动性的优点，还逐渐得到了大众的喜爱和广泛应用。

如今的大学教育制度变得相对较为轻松自由，课程设置也更为灵活，再加上许多高等院校所处的地理位置比较偏远，这使得教职员工和学生之间的互动交流机会变得日益稀缺。然而，新媒体却在原来的社交网络平台之上，搭建了全新的通讯渠道，使得教师和学生即使身处不同的地域依然能够方便快捷地进行远距离沟通协商，大大提升了教学效率。除此之外，移动设备的普及和运用更是凸显了教学活动的灵活性，学生得以在任何时间、任何地点进行自主学习。

（二）重要性

高等院校的基础数学类课程，其教学内容主要集中于与大众有紧密关联的通用基础知识体系，这些知识都紧扣数学这一学科的根本内核及其在社会各个领域所体现出来的实际应用价值。然而，数学学科本身的高度抽象特性，决定了学生们必须具备出色的逻辑思维能力，尽管当前部分高校的教学模式依然倾向于采用基于记忆强化为主导的教学策略，教师们穿梭于一支粉笔、黑板和幻灯片之间，尽力通过这种方式激发同学们的智力潜力，但是其面临的挑战显而易见。然而，借助新媒体强大的信息传递功能，我们有可能将知识资源转化成为生动的认知体验，使得课程内容显示得更为条分缕析。

相较之下，原有传统的教育方法更易于催生出所谓的“应试型”人才，教师通常以大量时间详细解析基础理论，却忽视了实践训练的重要性，导致学生在学习过程中仅仅依照常规步骤进行，没有深入挖掘问题本质，从而使他们所学到的知识无法真正应用到现实生活的场景中，进而导致在资源、时间以及精力方面的浪费。而借由新媒体平台，师生能够实现在时互动，让教师能够及时了解并掌握学生的学习状况及反馈意见，这样就可以根据学生的真实需求调整教学进度，同时，学生对知识的理解深度亦会随之提升，逐步构建成自我完整的知识体系。

二、开展新媒体数学教学模式的背景及现状

伴随着互联网信息技术的全球化部署与深度应用，新兴媒介如雨后春笋般问世，给广大民众的日常生产生活带来了深远而广泛的影响，且这种影响力正在向教育领域不断扩展、渗透。在这股浪潮之下，我国的高等教育事业自然无法置身事外，面临着前所未有的挑战。为了应对时代变革的步伐，保障高等院校培养人才的前沿性及适应性，我们亟需对传统的教育教学方式进行变革性的调整，以期为社会输送更多具备优秀综合素质的人才。从现今我国高等学校与互联网发展现状来看，互联网信息科技在大学校园中的普及程度有所提高，然而大多数数学教授并没有意识到互联网教学所能发挥的巨大潜力，这就导致现阶段互联网对数学教学的辅助功能未能得到充分发挥，好比新媒体技术在数学教学模式创新方面未能得到有效推广。面对这样一个信息技术和新媒体技术具有深厚社会底蕴的时代背景，全国各大高等学院的数学教师必须把重点放在新媒体环境支持下数学教学模式的创新研究上，只有这样，才能为我校数学教学质量的大幅度提升以及全面培育学生的数学综合素养打下坚实的基础。

三、新媒体支持下高校大学数学教学模式的创新

（一）前期准备工作

在保障新型教育模式高品质的众多步骤中，初期的筹备工作显得尤为关键。为此，教育工作者需给予足够的重视与关注。在启动教学模式革新的进程之前，我们的教师团队应当从多个角度出发，对新媒体应用于数学教育的模式进行深入且全面的可行性评估。接着，他们需要根据实际的教学环境与条件，明确新媒体技术支撑下的数学教学所凸显的核心主题，并据此来制定出科学、完整的实施计划与实施步骤。例如，在初期的筹备阶段，我们需要对当前各大高校的数学教育实施状况及其学生群体对于新媒体技术教学模式的接纳程度进行详细入微的调研。这其中包括了了解学生对传统教学模式的接受情况与态度，以及他们就目前的教学方式中所存在的疑虑或不满之处。基于这样的了解，我们在下一步的改善措施中，便能有针对性地解决这些问题，使得新媒体技术在数学教学中的应用更加合适，效果更为显著。除此之外，我们还需要关注学生在接受教学信息时所使用的终端设备，即智能手机、平板电脑以及个人计算机等相关信息工具的使用现状，同时也要对学校

的网络设施普及状况以及网络传输速度能否满足这种新兴教育模式的需求作出客观的评估。在完善了这些必要的预备工作后，我们的教师团队可以根据数学教学课程的独特性质，结合对学生可能出现的学习难点、兴趣点以及各个专业所需掌握的高等数学知识的详细分析，来最终决定课程的核心主题，并且据此制订出教学大纲、教学计划。在确保基本教学结构完整性的同时，利用新媒体技术以广大学生更易于接受和理解的方式逐步展开具体的教学实践活动。

（二）教学活动的展开

教学活动的实施即是新媒体辅助教学创新策略的主要执行过程，教师根据前期精心制定的教学计划来展开具体的教学方案，旨在为广大学生提供科学而严谨的数学教学指导。在每学期的初期，笔者都会组建起各门课程的班级委员会 QQ 群组，同时在第一次授课之际公开个人 QQ 账号，为之后教学的各个环节打下坚实的虚拟交流基础。教学活动的推进大致划分为三个重要的阶段：即课前预习阶段、课堂教学阶段以及课后提升阶段。

在即将开始的课前预习阶段，教师需在前一日利用班级委员会 QQ 群组发布相应的教学主题，目标，重点难点以及详细的教学环节安排等相关信息，旨在使每一位学生都能积极参与到教学活动当中，提前做好全面的学习准备，从而充分激发学生的学习热情，增强他们对于知识的信心，进而为学生主体性的展现创造有利条件。同时，还得由班级班干部负责收集同学们在预习过程中所遇到的疑难问题，以便教师能及时了解学习状况，有针对性地进行次日教学内容的调整。在此期间，教师只需明确“布置作业”的任务和收集学生在学习过程中的难点问题即可，无需过多干预，尽可能地发挥学生主观能动性，让他们得以凭借自身的理解和思考进行自主学习探究。在这一阶段，新媒体环境无疑成为了教师不断提升自我素质、改善当前教学现状的有效工具。教师可以通过爱课程、慕课、网易公开课等教育类在线学习平台，迅速吸收发达地区同仁的成功教诲。对于刚刚走上讲台的新手教师来说，这无疑是一条极具价值的成长路径。在传统教学模式下，新入职的教师只能透过观察校内优秀教师的授课过程来获取经验，这种方法虽然便捷但效率不高，而且存在着明显的区域局限性。然而，随着南京大学城的逐步完善，各所高校间的学术交流自然也变得更为紧密频繁。例如，笔者所属学校便有许多教师不定期前往南大名校、东南师范大学等著名高等学府听取特定课程的授课过程。尽管如此，受制于时间和空间限制，这样的交流依然具有较高的成本。现如今，有了爱课程、慕课、网易公开课等丰富的教学类在线平台，教师们便可以更为便利地上传教学视频，向全国甚至全球范围内的优秀教师请教学习。除此之外，教师还可以借助互联网海量的教学资料库，精选出优秀的教学资源上传至平台，为学生提供最优质的学习素材。

在教学实施的关键环节——课程讲授阶段，教师会依据课前借助现代化媒体技术搜集而来的学生对于教学主题的积极响应及其反映出的主要困难，有针对性地选用合适的教学策略，有效激发学生的求知热情，破解难题，并引导学生多元化地剖析所学习的数学知识，以此提高学生的学习成效。

另一方面，在至关重要的课后总结提升阶段，教师可以通过学委群传播此次授课所需的教学资料，同时由学委群即时采集班级学习的实际状况。而后，教师将挑选出具有共性的问题，迅速以文字形式或视频录制方式给予解答指导。得益于新媒体的运用，答疑解惑已经不再受时间地点条件限制，比如晚餐期间，甚至睡觉前常常会收到学生通过 QQ 发送过来的疑难问题的图片。面对这样的情况，只需发送一张图片或者通过语音回答，就能立即得到解决。这种多样性和即时响应的教学模式极大地提升了学生学习的主动性。此外，课后教师也会为学生推荐高质量的网络教学资源，使学生得以从风格各异的教学实践中寻找到最符合自身学习特点的教学方式，或者从不同的视角审视同一个问题，深化对问题的认识。这无疑极大改进了传统教学模式只允许由单个权威教师进行教材讲解而无法做出自由选择的困境。同样地，各个教育层面的学校都会从广大学生的整体需求出发，设定相应的教学目标，但对于某些具有较高学习热忱的学生群体来说，提供更高水平的网络教学资源以支持其可持续的成长进步也是必要的。

以一次名为“导数的概念”的详细课程为例：首先，教师在课前预习阶段运用新媒体技术向学生展示具体实例，为学生设定明确的教学任务，期望学生能结合这些教学示例独立归纳其中蕴含的数学内涵，进而对导数的概念产生初步的理解。并且，建议学生继续探索类似的案例以便更好地掌握导数的概念。经过学委群反馈回来的信息，大部分学生会感到利用导数的定义求解导数尤其是处理分段函数的分段点处导数的计算问题难度较大。接下来，在课堂教学阶段，根据之前的教学方案开设相关教学活动，同时邀请学生展示课前预习阶段的独立学习成果，然后教师以汇总学生学习成功经验的基础之上提出导数的概念，并利用恰当的教学策略确保学生能够深入把握导数的概念。为了解决学生学习过程中所遇到的难点问题，首先通过导数定义提炼计算某一点处导数的三大步骤，其次通过丰富多样的例题和练习题，强化训练。在解决分段函数分段点处导数问题时，注重涵盖各类可能出现的情形，而且给出的函数应该尽量简化，避免复杂的运算过程干扰对于概念和方法的理解，并且通过函数图像，结合导数的几何含义来理解决分段函数分段点处导数的特性以及有无存在的可能性。最后，在即将完结的课后总结提升环节，教师会通过QQ群上传此次授课的教学课件，设立作业题目，并期待学生运用所学到的导数概念尝试推演出导数的四则运算规则和相关的公式体系，从而为未来的学科学习做好准备。

（三）教学活动的拓展

利用新兴媒介工具，教学活动得以广泛深入地开展并实现丰富多元的拓展。在此方面，笔者承担的科研部门在院校领导层的支持下，创建并面向全院学子推出两个公共社交网络社区——江苏省高等数学竞赛群体以及数学社群，主要由学生担任管理职责，同时配以资深导师担任辅导工作，通过网络这一具备无限可能的虚拟空间，把在学习数学过程中有相近水平的同学以及拥有共同兴趣爱好的爱好者紧密联系起来。在这两个群体内，各位成员可以就相关学术问题展开研讨，分享研究成果、组织各类活动，由此极大地减少了在传统教育模式中所消耗的大量时间和空间资源。在最近举行的江苏省高等数学竞赛中，我们学院的参赛队伍成绩优良，这得益于数学社群长期以来的积累与高数竞赛群在备战阶段高效有力的推动。为了进一步提升教学效果，笔者计划提出建议科研部门建立数学建模群体和互助小组，从而让那些立志致力于数学建模研究或者面临数学学习困扰的学生都能在这里找到属于他们的数学知识殿堂，进而实现全方位的能力提升。

与此同时，科研部门正在积极开展各项细致入微的准备工作，旨在为各门大学数学类课程都打造出独具特色的爱课程平台。通过精心录制微型课程视频，系统整理教学资料，构建层次分明的题库体系，大量搜集实际应用案例，我们在这个平台上将所有类型的教学资源进行整合调试，确保其能满足本院师生的使用需求。

但这不仅仅只限于数学教学领域，笔者深信，教师在日常教学之中同样可以通过QQ空间、微信朋友圈等社交媒体交流平台，与学生进行更为深入的情感互动，实时关注他们的情绪变化，传达正面鼓舞人心的信息，启发启迪学生思考人生智慧，从而充当起指引方向和鼓励前进的重要角色。

以上所述即为新兴媒介工具对于校内教学的有效支援。实际上，新兴媒体在促进校际之间的交流与合作方面亦发挥着举足轻重的作用。举例来说，笔者加入的一些省级的教学群如：江苏省高校数学教研会议群、江苏省微课教学表演大赛群等等，无论是在教学心得的相互传递，还是各类赛事的周密组织上都具有不容忽视的影响力。

（四）目前存在的问题

如今，虽然我国政府以及教育部倾注全力打造出了优质的网络教育平台，然而，这一资源所能发挥出来的实际效能却与原先设定的期望值相去甚远，这其中涉及到诸多复杂原因。

从学生角度来看，当今社会充斥着过于丰富的网络诱惑因素，很多学生自身自律能力不足，无法把握好网络学习资源，反而深陷于各种网络娱乐活动之中。为此，许多高等院校不提供完善的网络环境以满足正常的教学生活需要，甚至禁止所有大一新生携带个人电脑。这无疑给新媒体辅助教学造成了严重的环境制约。针对此种情况，有学者提出不应将出现不足和问题的新媒体视为洪水猛兽看待，而应该给予正确的指导和加强严格的管理，使之能够充分发挥优势，更好地辅助于日常教学工作。

另外一个值得关注的问题就是教师对于新媒体辅助教学的重视程度不够，尤其表现在高等数学课程的授课教师身上。数学作为基础学科之一，其教学体系相对稳定，多数资深教师已经适应了粉笔展示、黑板板书、PPT 演示以及作业布置等传统教学模式，对于应用新媒体手段上课缺乏热情和动力。然而，实际上，我们完全可以通过合理运用新媒体工具，从教学方法和课堂组织形式着手进行大胆创新，以便进一步促进学生学习兴趣的提升。传统的高等数学教学往往导致学生产生厌恶情绪，我们应当转变这种以教师为主导的“填鸭式”教学方式，让学生自发自主地投入到学习中来，这样他们不仅能够愉快地理解和掌握数学知识，同时也能养成良好的学习习惯，有效提升自己的独立思考和自我学习能力，这对于其未来的成长发展将起到至关重要的作用。

本章节基于当前高等学校学生在数学学习过程中所表现出的特性和需求入手，深入剖析新媒体技术背景之下大学数学教学模式变革的可能性及必要性。同时，作者也在所在的学院开展了相关的实际教学试验，取得了初步的成果。不过，若想借助新媒体的力量进一步推动数学教学模式的全面彻底革新，仍然需要进行更为深入细致的探究和实践，通过在多种形态和多个层级的应用模式下持续展开研究工作，从而不断完善和改进现有大学数学教学模式，确保教学质量得到稳步提升。尽管这项任务看起来艰巨无比，但作为数学教育工作者的我们，依然有责任勇挑重担，为实现这个宏伟目标尽心尽力。

第四节　高校数学小组教学模式

基于学习小组的教学模式可以视为对传统教学模式的深化与升级，其创新之处在于通过构建学习小组的形式，将那些能够显著提升教学效果的方法和策略有机结合起来，从而实现教学质量的稳步提升。在此背景下，对于数学专业的学生而言，笔者在教授《空间解析几何》这门课程时，创新性地采取了学习小组为基本单位的教学模式。经过长达三年的实践探索以及深入研究，我们惊喜地发现这种新型教学模式不仅能大大激发学生们积极参与课堂活动的热情，而且还能够让他们在课内及课外的各个环节中展开热烈的讨论和深度的探索，从而实现共识共鸣、资源共享、共同进步的教育理念。值得一提的是，这种教学模式非常契合于如《数学分析》《高等代数》《高等数学》《线性代数》等大学生必修的基础数学课程。下面，我将为大家详细介绍这种教学模式的具体实施方案，希望能为广大同仁提供有益的借鉴和启示。

一、学习小组的建立

合理地建立学习小组是进行以学习小组为单位的课堂教学的前提。只有将小组成员公平分配，课堂座位安排合理，才有可能营造出好的课堂讨论氛围。以下就组长选择，组员选择和座位安排三个方面介绍学习小组的构建。

（一）组长选择

在构建学习小组之前，首要举措便是在班级中选拔一部分具备扎实数学功底及乐于助人为乐精神品质的学生担任每个小组的组长。然而，组长的选拔过程可以结合自荐与他人推荐相融合的方式实施，唯一的硬性标准在于其必须拥有坚实且牢固的数学基础且能够积极热情地为同组同学提供援助。值得指出的是，乐于助人的品格对于成功组建学习小组具有重要意义。因此，拥有一支得力干将般的小组长队伍无疑是顺利开展合作学习的强大保障。

在确立了小组长之后，教师应首先明确自身角色，全心全意地着力于培养小组长们组织小组集体活动的能力，例如如何在课堂环境下有效引导成员开展讨论、怎样归纳整理课程所学知识点等方面的小组协作技能。其次，教师也须教导各位组长，在他们偶尔出现错误或达不到预期效果时，应勇敢面对自我批评，从而消解同学之间可能存在的隔阂，进而促使小组交流更加顺畅，充分发挥团队优势。

（二）随机选择组员

设立学习小组时，除了任命一名组长之外，通常应配备四至六名组员。教师可以借助计算机程序来随机编排这些组员。在此过程中，我们并不倡导以学生的学业成绩或者个人意愿为依据来组建小组，因为如果按照成绩进行编组的话，可能会引发学生内心的抵触心理，特别是那些学习成绩相对落后的同学，这种情绪无疑会给以后的学习小组活动带来消极的影响。相反，若完全由学生自愿选择组成小组，则可能导致各个小组之间的学习资源分配不均，难以发挥小组合作学习的优势。因此，采用随机编组的方式将会更为妥当。首先，它能够更好地保证各学习小组之间资源配置的公平与合理性；其次，也有助于培养小组之间的竞争意识，进而提升学生们的学习兴趣与热情。

（三）座位安排

在各个学习小组的成员编制妥当之后，为了充分展现讨论团队在课堂环境中的独特潜能及便于促进小组成员之间的有效沟通，“合理安排座位”显得至关重要。倘若任由学生自主选择座位，无疑会导致课堂上学习小组的活动流于形式，失去其应有的实质意义。为此，我们决定将每个学习小组成员的座席相对集中，以适应实际教室内座位排列格局。具体来说，各小组间的座位轮换将依据每堂大课的周期性进行，实施逐次从前方至后方的顺序轮替；然而，针对同一小组内部的座位调整则可给予更为灵活的空间。在此需要强调的是，在实际的教学实践环节中，以小组为单位的座位编排策略极大地提升了全班同学的学习热情。

二、课前预习指导

预读环节即在正式授课前，学生需细读相关教程，对即将面临的新课程内容形成初步认知，从而消除可能出现的理解障碍。教师在此过程中扮演着至关重要的角色。他们应在每堂课正式展开之前，设定明确且具有针对性的预习任务：要求学生回顾并强化已经掌握的概念以及定理，然后细心阅读教科书内容；进一步了解新课程的核心思想与整体框架；同时寻找书中的重点、难点以及感到疑惑的区域；另外，学生需尝试完成新课程中涉及的例题及对应练习，为了解更多信息，可以选择再次预习或者加以记录，以便于在听课期间加深理解，或者在分组讨论环节提出问题求得解答。

对于学生进行预习这一行为，教师应当持有动态化视角予以关注。另一方面，将学生在预习过程中浮现出的困惑展示出来，作为课堂教学的主要线索，使得教室成为学生分享知识见解、交流经验感受的有益平台。

三、课堂教学

（一）复习旧知和引入新课（5 分钟）

要想在课堂教学过程中有效地启迪并引领学生们去探求新的知识领域，教师有必要进一步加强对学生已经掌握的相关知识的巩固力度。据心理学深入研究，旧有的知识储备如果被良好地记忆与理解，将更有利于启发思路、增强自信心。因此，采用运用过去所学内容来引领学生深入探索新知的教学策略，将更能使学生们欣然接受并融入这一学习过程中。

（二）讲授新课及答疑（25 分钟）

在教育这片广袤的天地之中，教师需要精准地掌控每节课时的课程环节，将教学内容按其深浅程度进行合理分层，同时使教学的逻辑推理脉络鲜明，以及选择适当的教学方法。唯有如此，我们方能让学生达到最佳的学习效果，事半功倍。

在整个传授知识的过程中，教师应注重关注、积累学生对于所学知识的掌握情况的信息反馈。通过师生之间的智慧碰撞及深入交流，教师能及时地揭示并分析学生们存在的知识弱点及其根源，从而有针对性地进行引导和改正。与此同时，学习团队应致力于营造一个平等、和谐的氛围，为全体成员提供独立思考、自由言说的机会，允许他们尝试新的思维方式，敢于挑战固有的观念，敢于提出问题，以及敢于分享与他人不谋而合或截然不同的观点。

在“问”与“答”的过程中，教师需努力挖掘学生知识体系中的缺陷，借力于小组共同的智慧去解决问题。对于学生们共同面对的难题，教师可以从学生当下遇到的实际问题着手，顺应学生的思路讲解问题，然后再要求学生自主总结关键步骤。随着生师互动的频繁展开，我们可以看到每个学生都能够积极参与到小组活动之中来。因此，他们得以充分发挥自身的个性优势及特点，进一步提升学习效率，最终达到预期的教学目标。

（三）课堂练习（12 分钟）

练习活动堪称课堂教学的有力补充和延伸，同时也是增进师生间信息交流与共享的重要途径。精心策划并设计适宜的练习内容对于提升数学课堂教学效果具有至关重要的作用。因此，在编制练习题目时需遵循由浅入深、由简至繁的原则，构建一系列连贯性强且能够逐渐递进的题目体系，在提高学生解题能力的同时，也有助于培养他们良好的思维品质。这就要求教师在编排练习内容时，不仅需要设置适量的基础性练习题目，更应该引入一些变化多样的习题类型，以便于推动新旧知识之间的融会贯通，从而开阔学生们的解题视野，拓宽其思考路径。

（四）总结归纳及布置作业（3 分钟）

通过在一堂课程结束后的短暂时间内，小组成员将由各自的组长负责引领整理与归纳所获取的知识点，实现对先前知识学习的深度追溯与深化理解，同时再次审视预习过程中既定的任务以及分析本节课的收获所得。至于作业的布置方面，我们鼓励教师在形式上丰富多元且凸显个体差异化特征，例如设置必做题目、选做题目以及探究性问题，以满足不同水平同学对知识理解与运用能力的需求。这样一来，同学们便可根据个人对相关知识理解程度以及自身实际能力水平来做出合适的作业选择。

四、课后辅助教学

在注重课堂教学的同时也要引导学生的课外学习，帮助学生巩固所学知识。我们采取了以下课后辅导手段：

（一）每一章的知识点需要“口述”

教师在讲授完一章内容后，列出该章的知识点清单，由小组长利用课余时间将组员们召集在一起进行知识点的口述或公式的默写。这样能帮助学生们系统的回顾一章节的知识，更容易让学生产生学习的成就感。

（二）章节小测试

学习完一章或两章可进行一次闭卷测试，测试分数不涉及到该学科的综合成绩，这样更能全面地了解学生对知识的掌握情况。试卷由教师根据学生对知识的掌握程度进行命题，测试由班长利用晚自习的时间组织进行。由小组长对本组成员的试卷进行批阅和讲评，对于大部分同学都有疑惑的考题，老师可在课堂上进行分析和讲解。

（三）利用QQ群进行课余辅导

如果某个知识点有一部分同学没有掌握好，教师可利用QQ群的照片发送功能和对讲功能对知识点进行专题讲解，学生们在寝室就可以反复地听，极大地提高了学习效率。

（四）小组间的知识点抢答赛

组织小组之间进行竞赛活动，有助于加强成员间的紧密联系，营造出互相竞争、共同进步的学习环境，从而能够有效地促进学生充分理解并掌握所学知识要点。在此过程中，我深刻领悟到：作为教育者，我们的主要职责便是营造适宜的学习情境，激发并引导同学们产生强烈的团队协作需求，使其深刻体验到独木难支，唯有集体协作才能解决问题，进而逐渐修养他们的合群心态及合作能力，让学生们真切的在合作中共进。此外，经过三年来的课堂实践，我深感采用以学习小组为单位的教学方式不仅行之有效，更能显著改善教学效果，显著提高学生的学习积极性，使得期末考试的达标率呈现稳定增长趋势，更为引人注目的是，不及格率从过去的15%骤然下降至仅占总人数的3%左右。

第五节　高校数学翻转课堂教学模式

伴随着互联网以及移动通讯等诸多网络科技领域的迅猛发展，以网络视频为主要学习媒介的翻转课堂模式正逐渐受到广大教育工作者们的高度重视。翻转课堂作为一种全新的教学模式，它主张让学生在课前自主观看相关视频进行学习，并在后续课堂教学过程中与教师展开深入讨论，从而实现对知识的高效掌握及其与各方面能力的深度融合。相较于传统教学方法，翻转课堂无疑展现出了其独特且无可比拟的优势。近些年来，无论是在基础教育阶段的中小学校园，还是在全球各个国家和地区的高等学府里，都有许多教师纷纷探索这一新兴的教学实践。在翻转教学的过程中，教师更加注重引导学生间及师生间的互动交流，重视围绕关键知识点的探究性提问，而最终目标则是通过各种问题解答来深入探寻知识的奥秘，同时汲取新的知识养分。毋庸置疑，在翻转课堂这个特殊环境之下，课堂提问环节所占据的比重显得尤为突出。

一、高校数学翻转课堂的内涵

“翻转课堂”这一理念的新颖性源自于一份极具影响力的研究报告——《用视频重现创新教育》。这部报告倡导将学生在琐碎时间段内进行独立学习，以此作为提升教育质量的一种全新方式。在此过程中，课堂不再仅仅局限于教师单方面向学生宣讲的地方，而是被转化为教师和学生之间展开积极互动和交流的重要场所。我们借助课外学习、自我探究以及课上互动等多元化手段，从而全面提升了传统教学无法达到的教学效果。

“翻转课堂”中的关键词“翻转”，主要指依靠教师独特的教学方法，对学生在课程内外所学的内容进行有机整合，使其能在最短的时间内对知识有更为深入且全面的理解。这种方式为学生创造出更多自我学习、自我探索的契机，对于提高学生综合学习能力有着极其巨大的推动作用。教师可以将大量原本用于授课的宝贵教学时间转化为制作精良的视频资源，为此后的课堂活动预留出足够的时间与学生进行深度探讨、解答疑问，从而为学生提供更为优质的学习环境和指导。与传统的教学体制相比，“翻转课堂”模式中的师生角色发生了显著变化，重点强调教学方法的优化使用，引导学生主动投入到学习中去，这必将帮助他们更好地掌握所需的知识技能，从而大大加快学习进度。

二、翻转教学模式下问题意识的重要性

问题本身是个体在从一种不平衡的情境向另一种相对稳定的新情境进行转变的过程中所遇到的横亘在前方的障碍，这无疑是需要我们深入研究、细致探讨，并且必须要寻找到恰当的解决策略来应对的矛盾与困难。美国心理学家马修·埃尔文·梅耶（Matthew Elvin Mayer）对此给出了简练而精准的定义：“当问题解决者试图将某个具体情境由当前状态转变为一种全新的状态，然而对于两种不同类态之间所存在的障碍，问题解决者却束手无策并不知该如何解决时，那么相关性的问题便由此产生。”可以说，问题便是我们在探索未知领域的道路上的一个至关重要的阶梯，而成功地解决问题则意味着我们自身知识储备和思维水平的逐步提升以及方法技巧的不断积累。然而，值得强调的是，问题并非是从人类大脑内部自然而然地涌现出来的，缺乏问题意识的人很难做到自觉地去主动寻找问题、发现问题并且努力去解决它们，而只能成为被动地接受知识的主体。由被动接收所得的知识是僵硬且难以灵活运用的，不仅无法有效地指导实践工作，甚至有可能阻碍新的知识的产

生。唯有当我们具备了问题意识，积极投身于探索研究的过程中，始终保持思辨精神和创新观念，才能真正认识到问题的重要性。质疑便是培养学生问题意识的一种极其关键且行之有效的工具。尤其是在实行翻转教学模式的情况下，提问更是不可或缺的重要环节。通过教师巧妙设定疑问，引导学生深入思考并展开广泛讨论的方式，逐渐建立学生对于问题的高度重视，使他们能够明白“提出一个适当的问题往往比直接解决问题更为重要”，因为提出问题正是我们开始探究未知知识领域的起点，而对未解难题的不懈追索，尝试寻找多种解决途径，才是我们真正获取知识的必经之路。最后，我们期待着将以往单纯的教师提问、学生回答的课堂形式转变为学生自主发现问题并自主解决问题的能力提升，进一步强化学生的自学能力，提升教育质量。

三、翻转教学模式下高校数学教学课堂提问的必要性

我国的教育体系中，中小学阶段的教师普遍非常重视课堂提问这一教学方式，这无疑是值得肯定与称道的。然而，令人遗憾的是，虽然课堂提问对于提高教学质量具有至关重要的作用，但是在高等院校的数学教学领域里，其却遭受到了忽视。客观上，数学在许多专业中被视为必修的公共课程，面对众多的学生群体以及有限的教学时间，学生对此缺乏足够的重视程度，教师为了完成教学任务，常常被迫舍弃课堂提问等有助于深入挖掘理解知识的教学手段，以至于这种强化教学的关键途径大多数情况下未能得以实现。主观上的原因在于，部分教师持有这样的观念：学生在进入成年期之后，能够拥有更高的自学能力及自我管理意识，因此大学教师应该以一堂课讲解十余页教材，让学生大致了解相关知识点后，学生课后自行追加学习及巩固理解。他们坚信若是大学教师仍然如同中小学教师那样频繁地进行课堂提问，将会显得过于稚嫩可笑。然而，问题本身才是引导学生进行探究式学习的最主要驱动力，一个适当且有效的课堂提问不仅可以促使学生的思维得到全方位的训练，使得心智得以更加开阔，还能够优化教室氛围，增强师生间的互动交流。在基于翻转教学法的实践过程中，特别需要强调这一点。在出色的翻转课堂里，每位优秀的教师必定会熟练运用课堂提问的核心技巧，同时也应当注重在那些晦涩难懂的数学课堂上去精心设计形式多样、角度独特且层次分明的课堂提问，从而使之成为了整个教学过程中的关键环节，这一点在大学教育和中小学教育中并没有实质性的差别。倘若在翻转课堂中忽视了课堂提问这一环节，那将不仅仅会削弱课堂教学的效率，影响到学生学习的效度，同时也难以刺激学生产生自发的、主动的探究式学习动机及其相应的自主学习能力，进而无法

发挥出培养学生分析推理或抽象思维能力的应有的功效。

四、翻转课堂的应用探究

（一）翻转课堂

在现行的高等院校数学教育中，传统的教学方法往往过于重视知识的传输，使得广大学生们在数学课上普遍处于较为消极的学习模式之中。然而，仅仅依赖于教师单方面的教育传输，学生对于数学知识的理解和掌握往往只能维持短暂的时间，一段时间之后，这些知识很有可能被淡忘或遗忘。相对而言，反转课堂这一新型授课模式，更加注重培养和激发学生的主动性学习能力，要求学生能够依据个人兴趣及需求选择性观看教学视频，积极参与课程互动环节，如主动表达自己的观点并开展深度探讨，以及与同学们之间的合作与交流等，从而全面提高自身在数学领域的综合素养。因此，可以将其视为一种高度个性化的教学形式，因为学生可以通过自行学习来深化对数学知识的理解和掌握，进而达到知识与技能的有效内化与迁移，从而显著提升整个教学过程的实效性与高效性。

（二）翻转课堂应用思考

在高校数学教学环境下，翻转课堂模式的实施可分阶段进行，主要分为课前准备、课堂教学以及课后复习三个部分。在这三个环节中，教师与学生应构建起紧密联系的学习共同体，相互合作，深度沟通，从而实现数学教学的高效运作。

首先，在课前准备阶段，教师需精心挑选高校数学相关课程内容，明确其重点、难点或关键的教学要点。然后，基于此，有针对性地设计影视教材，该媒体形式应涵盖不同的学习情境，以便于学生理解接受。此外，影视教材的创作方式也颇为灵活，既可以选择制作成慕课视频，也可以从现有的网络资源中寻找符合需求的资源，例如，中国大学慕课网含有大量高等数学优质课程，为教师提供了丰富的教学素材来源。在此基础上，教师还能将慕课网上的优质教学视频提炼出来，加以优化整合，作为辅助材料在授课前发送给学生，以此充分满足学生的实际需求。综上所述，教师亲自组织制作的教学视频无疑是最优选择。

其次，在课堂教学方面，应大力推动数学的实践操作训练，注重数学知识与技能的实际应用训练。以生动有趣的实例为引导，引导学生运用相应的数学方法与思想，解决实际问题或完成相应任务。此处我们特别要强调数学建模的重要性，数学模型不仅是运用数学方法解决实际问题的途径，还是数学教育的核心目标之一——培养学生运用知识解决实际问题的能力。因而在课堂上，应充分利用数学建模的实践性特点，助力学生提高运用数学知识的能力。更重要的是，借助数学建模的手段，使得学生在实践中领悟到现实生活中的各种问题皆可用数学方法进行量化分析，确立此种思想观念，相较于简单机械记忆数学公式、定理而言，显然具备更高的意义和价值。当学生在解决问题或完成任务时遇到困难，教师可以给予适度的指导，但最好是引导他们通过观看教学视频、查阅网络资料或图书馆相关书籍等方式自行解决问题，实在无法独立解决后，才给与适当协助，这样可以更好地增强学生对数学知识及技能的深入把握。

最后，在课后复习环节，学生可有更多时间观看教学视频，重复观看，逐步熟悉并掌握课后所学知识。在此环节，学生可根据需要，通过反复观看教学视频、操作教学资料等方式强化自身知识点，直至完全掌握为止。

以微积分第一章关于函数内容为例，根据上述提到的三种教学场景，教师会对相应教材进行深度剖析和解读，筛选出有价值的知识点进行归类整理后形成相应的教学资料，同时还有可能采用现有的教学资源进行编辑加工制作出精美的教学视频。在这个过程中，教师还可以利用当前广泛应用的微信平台推送这些准备好的教学视频给学生们，并在后期布置适当的作业题供同学们进行深入研究和讨论。至于实际上课时，可以针对学生所属专业以及实际需求，例如针对经济系的学生，可以选择在经济学领域里一些具有特色的案例作为切入点，引导他们运用数学模型的手段进行深入的分析，从而更直观地理解、掌握弹性消费等概念。到了下课后，对于那些依然存在疑问的学生，可以依自身需求多次观看课程视频，直至完全掌握；而如果有些学生在课业之余仍有时间和精力，也可以向教师提出意愿，以便能接触到更为先进、高深的数学知识，从而更好地满足各类学生的个性化学习需求。

作为高等教育的重要组成部分，数学教学不应仅停留在传授各类数学知识以及数学技能层面上，而更加关键在于，传递数学所蕴含的核心思想与独特精神气质，强化并培养学生的数学素养，使其具备运用数学知识有效解答日常生活及职业生涯中所碰到的实际问题的能力。为实现这一宏大愿景，我们有必要针对当前数学教学模式进行深入的改革与创新，探索更为高效实用的新型教学方法。在此背景下，本文深度剖析了翻转课堂在高等院校数学教学领域中的具体实施途径及其显著效果。通过对实践过程的全面考量，不难发现，翻转课堂对于提升高校数学教学质量，提高学习效率有着极高的实用价值。

第六节　高校混合式教学模式

在高等教育领域，数学所扮演的角色无疑是至关重要且不可或缺的。它不仅为各类科研活动提供了强有力的研究手段，同时也是培养学生逻辑思考以及提升现代运用能力的重要砝码。尤其对于高校而言，数学不应仅仅被视为衡量学生学术表现的唯一标尺，更应着重强调其实际应用价值，使得学生在遵循严谨的数学理论框架之下，能将之转化为专业研究及实践操作的必备利器。

这就要求我们的数学教师不能仅仅满足于关注学生的考试成绩，而必须逐渐将教学重心转向数学在实际生活与工作场景中的应用。只有这样，才能让学生真正理解并掌握数学的内涵与实质，从而为他们未来的职业发展奠定坚实的基础。

此外，还应当鼓励学生积极主动地去探索和学习更为专业化、深度化的数学知识，以此来提高他们在不同领域内的综合应用技能。在这个过程中，教师们需要逐步破除传统教育模式下那些僵化的教学策略，摒弃过分追求考试成绩的做法，而是应该采取更为灵活多样的授课方法，充分发掘各种教学手段的潜力与优越性。

为了实现这个愿景，我们可以引入混合型教学模式，将学生置于主体地位，充分发挥各类教学模型的独特优势，最大限度地利用有限的教学资源，进一步提升课堂教学的效果和质量。

一、混合式教学模式的含义

混合式教学模式同传统教学模式 en 相比，展示出更丰富的创新性与策略性。这种教学模式在教学方法的采用上更为开创性的，更能够适应各种复杂多元的教学内容及教学目标。混合式教学模式能够使得多元化的教学策略得以互相借鉴、相互补充，形成有机结合，打破单一传统教学模式的束缚。此种模式不仅完好地传承了传统教学模式的精华所在，还融入了现代新型的教学技术与理念，对于教学模式的改革具有积极深远的影响，能够有力地推动教学方式的转型升级，有效提升教学质量的步伐。当教师们着手实施混和式教学模式时，首要任务便是深入调研并分析各类学生的个性化需求。在设计教学方案时要将学生置于教学的核心位置，极力促成教学与现实实践的紧密结合，从而鼓励学生将课堂中所学的知识灵活应用于实际生产生活之中。通过反复积累实践经验以及对教学成果的细致对比分析，混合式教学模式逐渐被广泛认可推广，以此突显其在教学领域所展现出的针对性和高效性。为了给学生提供更广阔的实践空间和学习途径，我们应当着手大力发展混合型教学模式，深化混合教学活动的实施程度。同时，教师也应该根据每名学生的独特特点，挖掘他们的学习潜能，为每位学生提供个性化的学习环境，创造更多的实践锻炼平台，以培养他们独立探索、深思熟虑和自主学习的能力。

二、混合式教学模式下教师的作用

混合式教学模式不仅仅强调实践在教学过程中的重要性，更将信息技术融入到辅助教学中。伴随着现代科技的日益蓬勃发展以及广泛应用，信息技术在教育领域的角色及功能亦日渐显著且多元化，使得信息化的学习手段成为师生拓宽知识视野和深度的有益渠道。尽管信息技术在教学中有巨大的辅助力量，但在高校数学课程的讲授过程中，教师所传授的系统化专业学科知识以及丰富的教学经验依然至关重要，这也是无可替代的。为此，教师应当关注自身能力的提升并积累丰富的经验，以跟上时代步伐，确保自身的教学内容和教学方法始终处于时代尖端，维护教育的领先地位。即便是在实施混合式教学法的过程中，教师仍然占据着引导主流的地位，这就意味着教师要承担起不断自我完善的责任，以适应这样的新型教学模式。相较于传统教学模式，在混合式教学环境下，教师所要讲述的内容将会更加丰富多元，这就要求教师具备更为全面的技能储备，以便更好地满足教学需求。

作为数学教师，我们需要掌握与数学运用相关的各类软件，例如 Matlab、Lingo、Spss、SmartDraw 等等。当学生们在未来职业生涯中面临实际问题而寻求解决时，此类数学软件往往会成为他们不可或缺的有力工具。然而，并不期待每位教师都能熟练掌握所有这些软件，但教师应该具备基本的软件编程与程序开发能力，以此来引领那些对这类学习方向富有热情的学生，同时提升他们的学习积极性与运用计算机软件解决复杂高阶数学问题的能力。

混合式教学法可以促使各种形式的教学方式得到更加合理的配置和整合，这些调配与组合所形成的多样化教学策略能够极大程度上提高教学效率。混合式教学法为每一位个体以及各个学习群体提供最为适宜的教学方法，从而使得教学活动达到理想的效果。教师可以依据时间、环境、学习进度等多个方面的因素，选择最适合学习对象的教学手段和教学方式进行授课。在教学过程中，可以运用多种形式的信息呈现，包括音频、图片、视频等，有效地契合学习者的学习习惯，并有效地激发他们的学习兴趣。例如，在讲解有关几何学图形动态变化图、线性图像等知识点时，借助信息化混合式教学模式，教师可以实现对每个学生进行一对一的个性化指导，为每位学习者指定专属的学习任务，鼓励并且引导学生运用主动性学习技巧，从书籍、网络等多个渠道收集学习资料，通过自主思考和分析，最终解决学习中遇到的困难和挑战，进而帮助学生培养良好的学习习惯和学习能力。

三、混合式教学中学生的学习方法

当前的传统教学模式已无法满足现今科技发展日新月异的需求，无法迎合现代社会发展的潮流。伴随着信息化时代的来临，运用多媒体技术、网络技术进行创新性的学习方法已然成为了主要趋势，学生们也将逐渐由被动的知识接受者转向主动的知识探寻者，主导整个学习过程。因此，我们需要将学生的教育模式从传统的“单向灌输型”转变为更具启发性的“探索型”。这样做之后，学生将会在教师的指导下自主地通过图书馆资源、网络资源等多元化途径获取与学习目标相关的信息并进行整理和深入思考，并在特定的学习平台上与同学和教师展开广泛而深入的交流与讨论，最终以个体独特视角进行学习总结，并以研究报告的方式向教师汇报。在高等数学教育领域，采用混合式教学法能够为学生提供更为多样且丰富的学习环境，而且更以学生为主体，激发了学生的自学能力，从而改变传统教育模式，让学生可以更深入理解和掌握具有实际应用价值的知识。

四、混合式教学模式在大学数学教学中的应用

鉴于当前高等院校数学教学模式面临的诸多困境，高等数学教育工作者们有必要逐步深化理解和剖析混合式教学模式在实际教学运行中所必需的条件和要求。他们需要深入洞察并准确把握学生在这个特定的教学环境中所呈现出的状态以及问题，进而积累更多宝贵的实战经验和科学技术资源来进一步推动后期的教学实践工作。首先，当涉及到实施混合式教学模式时，教师必须建立一种信息化教学平台，以便能够从网络上搜集到丰富且多样化的教学资源，进而构筑起数学教学的坚实网络框架。随着数字多媒体及互联网科技的日新月异，高等学院的数学教学也要充分利用这些先进技术，深化使用这个极其强大的信息渠道和工具仓库，来为教师的教学提供多元化的理论和实践指导，确保现代化教学手段能在高等学院数学教学中得到合理而有效的运用。在此背景下，教师务必全面深入的把握高等学院数学教学的战略目标，通过深度剖析和研究现行课程标准，不断提高学生对于基础

知识的掌握程度，同时结合学生的学业表现适时调整相应的教学策略。此外，教师还应注重整合来自不同源头的教学资源，并根据实际需求进行相应的调整。在备课阶段，教师应按照既定的教学目标和教学策略开展教学实践活动，以充足的教学资源为依托，通过详细而准确的知识解读，将教学内容更好地应用于实际生活，从而激发学生的自主学习动力和提高其实践动手能力。其次，为了让学生能更直观地感受所学知识的理论与实践间如何相互转换和密切联系，教师需要精心设计各种各样的教学方式，如将重要知识点制作成视频、音频、图片等形式，与学生共同分享，从而为他们提供更为适合自己的学习资料，支持他们进行自主学习和研究，使他们在持续的自主学习过程中，逐渐理解和掌握自主学习的核心要点，以此培养出色的学习习惯。

混合式教学模式整合了信息技术、互联网等多种新型的提升学习效果的手段，在高校的数学教育中具备十分宽广的发展前景，对降低高校数学教学难度、提升高校数学教学质量有着显著的积极作用，为教育和教学注入了新的血液。混合式教学模式确立了学生为教学中心的模式，在教学中把教师作为引导者，使学生获得更加合理、全面的学习方法和学习手段，促进学生学习效果的提升。在混合式教学模式中，虽然教学手段更加多样，教学资源更加丰富，但是这反而提高了对教师的要求，它要求教师不断进行自我学习和自我提升，紧跟时代发展提升自己的教学能力，丰富自身的教学手段。特别在高校数学教育中，高等数学难度较高，很多知识十分抽象，许多公式、定理逻辑性强，公式编辑、图表制作和建模编程等都需要极强的学习能力，这都促进了教师能力的提升。

第四章 高校数学教学方法

第一节 高校教学中分层教学方法

鉴于高等院校作为精英人才培育之重要平台的特殊地位，我们应当高度重视高端人才的培植与孵化工作，持续拓展和细化高校教师的教学策略与方法，以期进一步提升现有在校生的核心竞争优势并助力于他们综合学习能力的全面养成。在高等教育这个广阔舞台上，数学作为基本学科中的基础支撑点，其重要性不言而喻。它不仅能够激发和启迪广大学生的创新灵感和无尽想象空间，也能够通过严谨犀利的逻辑训练使得各门学科的发展得以乘风破浪、稳步推进。因此，如何优化高校数学教学质量，这无疑是广大教师们需要深入探寻并展开广泛研讨的话题。本文作者个人观点认为，分层教学乃推动高等数学教学进步之关键手段，即依据学生个体知识储备状况，全方位地规划适合各类学生的发展路径，提供个性化的教学服务。在大力推行分层教学策略的同时，既有助于提升各位同学对高等数学的理解与掌握，又可为高等学府孕育英才贡献上限价值。

一、分层教学的内涵、价值与重要性

（一）分层教学的内涵

何谓分层教学？所谓分层教学，即依据学生的个体状况，按照其所掌握知识程度的高低，制定相应的教学计划与教学方案，以使每个学生都能在其当前知识储备的基础之上获得最佳的学习效果，此种模式是对学生进行动态化管理的重要手段。通常而言，分层教学包括以下三种方式：班内分组、快速与缓慢班级分组以及课程内容层次化。这三类教学方法皆是依循学生自然成长的趋势，以人为本，充分尊重每位学生在知识把握方面的个体差异，其最终目的在于提升学生们的各类知识水平，推动他们的全面发展，从

而为社会塑造更多优秀的高素质人才。

（二）分层教学的价值

在教育领域内，分层教学法对全体学生均具有显著的作用与效益。具体而言，该策略源于教师在教学设计过程中的独特视角以及他们针对每个学生实际掌握知识程度的敏锐判断力，而这一切都是为了确保所有学生都能在学习过程中取得全面、系统化的进步。对于课堂氛围的改善与活跃，分层教学亦功不可没。通过有针对性的课堂提问环节，每位学生都能增强其自信心并进一步提升他们的自主学习能力，使得整个课堂充满活力并且富有成效。至于教师层面，采用分层教学则无疑有助于自身能力的持续提升。运用此类教学法，意味着他们必须具备正确分析每位学生知识水平的能力，方能借助分层教学手段来逐步提高学生们的知识储备与综合学习素质。因此，教师需要持续地深入探索并研究如何将分层教学方法灵活运用于实际教学工作之中以更好地协助学生们解决学习困境。

（三）分层教学在高校数学教学中的重要性

在现代社会的持续演进之中，我们有必要将目光聚焦于高等学校数学教育，以此作为推进整个社会进步的主要驱动力。为了能顺利实现全社会共同繁荣与发展的宏伟目标，唯有强化和提升高等学校数学的教育教学水准，方能通达彼岸。

首先，考虑到高校招生的广泛地域覆盖面及其所面对的多元化学生群体，以及他们各自丰富多样的综合素养，分层教学方法应运而生并成功融入到了高等学校数学教育中。通过运用这一灵活的教学手段，教师可以科学地为学生打造分类教学的思想观念，进而针对具体情况制定出相应的课程规划和教学方案，以便于有的放矢地进行因材施教。这样的教学方式有助于各层次的学生更好地吸收理解课堂知识内容，从而逐渐提升他们的整体素质和学业表现。

其次，分层教育模式对学生产生的深远影响在于，能够塑造一种积极向上且富有竞争力的学术环境。当学生们因为掌握数学知识的能力而划分为不同的层级后，自然会唤起他们产生强烈的学习动机，并鼓励他们努力学习以提高自己的数学知识水平，唯此才能晋升高等级别的班级，从而激励自己更加努力进取。

最后，我们需要关注到那些在数学方面学习能力相对较为薄弱的学生，他们很可能会在普通班级中感到自闭或不屑于学习，然而这种心态往往会导致他们丧失对数学学习的兴趣和信心。在实施分层教学的班级中，学生之间的成绩差异相对较小，这使得他们更容易在互相追赶、彼此超越的比赛氛围中保持学习的热情和自信心，进而找寻到学习数学的乐趣所在。

二、分层教学在各类高校数学教学中的开展形式

首要的是，根据学生的学术表现对其施加分类管理。在此过程中，教育工作者在实施分班方案时，应充分尊重每个学生的个人意愿，允许他们按照自身的理解自由选择适合自己的班级，随后再根据实际情形做出最终的划分决策。而针对那些尚不能明确自我定位的学生，教师应当首先引导他们在相应的班级内进行一定周期的学习体验，赋予他们自主选择的权力，然后再根据各方面的因素进行更为科学合理的分班布置。

其次，教育工在备课阶段应对教学内容进行精细分类。数学知识水平参差不齐的学生在学习效果上存在显著的差异性，对此，教师在全面了解班级学生之间的异同之后，可以据此为据，决定在备课环节对所教授之知识进行有针对性的区分，以期获得最为优质的教学成果。例如，针对那些已具备丰富基础知识的学生，应着重培养他们的逻辑推理能力，并且在解题过程中积极鼓励多元化的解答思路；然而，对于那些基础较为薄弱的学生而言，稳固根基则显得尤为重要，旨在通过加强学生对于问题解决能力的培养。

再次，在授课过程中对教学方法予以分类。合理的教学方法乃是学生获取新知的关键所在，因此，针对不同起点水平的学生，教师应有意识地引导他们提升知识水平。启发探究式教学适宜应用于基础扎实的学生群体，在校期间，我们应重视促进同理心和创新思维，鼓励学生建立举一反三、触类旁通的思维习惯；反之，对于基础相对较弱的学生，直观教学法与实物对比法对于增强他们对数学知识的掌握无疑更具帮助。

紧接着，对课堂练习题目难度的设定进行细分。以学生所掌握知识的实际水准为依据，在日常教学实践中教师可以为课堂练习作业设置多种难易层次。如此一来，学生们通过练习，将能够有针对性地提升弱项技能，同时也能够巩固强化优势学科，使得不同水平的学生均能在课堂练习中获得成长与提升。在此过程中，课堂练习题目的设定既能反映出教师对于学生知识水平的深入了解，故此，在教学过程中，教师需密切关注学生对于知识的掌握状况，从而适时调整课堂习题的设置策略。

最后，对学生的指导工作采用分类管理模式。教导他人，传授知识，解除疑惑，是师长的职责所在。通常情况下，教育工作者在完成课堂授课后，都会对学生的疑问进行耐心

解答。因此，教师在进行指导时，可以根据学生的知识储备及水平差异，制订针对性的教学干预方案。例如，对于拥有坚实基础的学生，教师应重点引导，助其形成独立思考、自主学习的良好习惯，进而活跃其创造性思维能力；反之，对于知识掌握较为普通的学生，教师应详细解析解题过程，尽力使其全面掌握相关知识点；至于基础薄弱的学生，则应立足于夯实基础，然后再逐步开展拔高训练。

三、开展分层教学的有效策略

（一）组建高素质教师队伍

在此语境下，教育工作者应当树立起以人本位为核心的先进教学理念，并且应对各个层次的知识水平的学生保持公正公平的态度，践行分层次教学策略时，务必充分尊重大学生的个人意愿，为各类学子制定合理且有效的分类办法。此外，教育工作者积极的教学情绪也是十分重要的，这将有助于他们在日常授课过程中，为教学方案带来新鲜多元的创意与变革。从而，使得学生能在生态丰富且新颖独特的课室内，更加高效地获取知识。最后，作为教育工作者，还需要始终保持学习的热情，以扩大自身的知识面。尤其对于数学科目的老师们而言，某些新兴产业的迅速崛起，也促使着数学专业的繁荣兴旺。这种趋势既要求各教师紧跟时代的脉搏，持续地进行学习进步；同时又鞭策他们必须扩展专业知识的范畴，敢于在应用数学领域进行突破和创新，积极推动学科的发展。

（二）设置周全的课程计划

对于分层教学而言，制定详尽全面的课程规划乃是所有教学活动的核心基础。为此，教师必须首先持续完善并丰富教学内容，例如，可在数学学科的授课过程中纳入其他关联专业的部分知识元素，使学子们在掌握各类知识之际能够实现深度融合，进而助力于他们综合学习能力的有效培养。其次，教师可以借由参与教研会议，积极交流和深入探讨课程规划的实施方案，从其他教师那里吸取在课程计划安排方面具有杰出表现的宝贵经验，并将这些成功经验转化为个人的具体实践手段，以便能使同学们在接受分层教学的过程中获取更为广泛且深入的知识领域，进一步强化提升学生们在学术领域内的学习实力。

（三）重视课堂管理

首先，对那些在高等教育机构担任数学学科教学工作的教师而言，他们需要根据不同程度的学生群体制定相应的教学目标。教师们的职责在于积极引导学生明确自身定位，并在循序渐进的过程中追求教学目标的达成。此外，教师在进行课堂管理时，有必要持续改良教学方式，以创建生动有趣的授课环境为首要任务，进而刺激学生的学习热情与好奇心，进一步培育学生的学习积极性。在此过程中，教师还可借助于不断融入最新的科学技术手段，使得学生在学习知识的同时也得以感受到科技发展的日新月异，进而确立更为远大的个人理想抱负。

而分层教学则是一种灵活应变的手段，旨在在动态变化的学习环境中帮助每一位学生充分扩充知识领域。这是一个“量身订制”式的教学模式。伴随着学生学习水平呈现出的多样化特征，教师须全面而细致地评估每位学生的成长情况，并在日常教学实践中给予更多的肯定和鼓励，使得学生能够更加顺利地实现自我预期，逐步成长为全面发展的优秀人才。

第二节　高校数学建模的方法

伴随着国际间竞争日益激烈与加速，数学这门课程的意义已经远远超越了其作为单一教育内容所具有的价值。经历过这全球竞争大背景，它的运用场景开始呈现出多元化且日渐丰富的特点，不仅广泛应用于自然科学的多个分支之中，同时也在经济学、政策学、军事学乃至管理理论等人文社会科学领域取得了显著成就。换言之，我们日常生活的方方面面均已无法脱离其影响。对于高等教育阶段的学生来说，将数学模型运用于未来的职业生涯以及学术研究中，已经成为他们在校期间处理各类事物及挑战的有力工具，甚至有可能是将来成为卓越人才的必要素养。因此，优化和加强大学数学教学中关于数学建模思维和实践的探索与研究，已然成为我国整个数学教学领域的重任所在，也是推动学生进一步掌握并运用数学知识来解决现实问题的关键培训策略及途径。

一、高校数学教学中强化数学建模思想的重要性

高等教育机构在培养兼具高度素质，卓越技能及全面应用能力的高级人才方面发挥着举足轻重的作用。尤其在于其肩负的重大教学任务中，培养具备解决实际问题能力的创新型人才显得尤为关键。为了实现这一目标，高等教育机构应加强对学生实质性的应用能力和综合素质的严格要求，特别是着力提升他们针对各种应用问题的深度思考能力。尽管在

日常的高等教育教学过程中，我们的机构一直强调理论与实践的紧密结合，然而从现状来看，理论因素的比例相对较大，对教学任务中所提出的复合型应用人才的要求来说，我们的教育体系尚难以完全满足。鉴于此，数学模型思维方法在大学数学教学中日益凸显其重要性，这是因为数学建模本就是基于实际运用和实践问题而产生的，因此它对于培养具备解决实际问题能力的应用型人才有着至关重要的影响。同时，大学数学教学中的数学建模思想方法的研究方向更加注重培养学生综合运用所学知识解决实际问题的能力，并能有效地将各类教学工具及专业知识融会贯通，这无疑将为我国大学数学教学的发展注入新的活力，具有深远的现实意义。

二、数学建模的基本方法和步骤

深入理解科技建模的核心思维方式及实施步骤，将极大地推动高校数学教育工作的改进与提升。因此，各大高校的数学教师在开始讲授新课程前，应首先对这一专门知识有个大概的认识与接触。

（一）数学建模准备

数学模型构建的准备工作实际上本质上是针对所面临的数学难题进行深度分析和清晰思考的过程。在此关键阶段内，我们必需重新审视和深入探索这些数学问题，明确了解这些问题的情境及其实际含义，以便准确地确立模型构建的目标以及其实际应用的潜在重要性。而在这一筹备工作中至关重要的后续步骤即为收集并掌握有关数学问题的基础信息，详细辨析出问题的核心特性及相对特异性，并且尽力使用我们所熟悉的数学术语来精确表达分析结果。

（二）数学模型的假设

数学模型假设作为整个数学建模过程中至关重要的一环，其质量优劣直接影响了数学建模结果的可靠性和精确度。为了确保数学建模工作的顺利展开以及后续计算分析的精确无误，我们必须深入了解相关资料，认真探究问题的现实意义及其背后所涉及的各种因素，包括问题的基本性质及特殊性等方面。更为关键的是，我们要用恰当而科学的语言去构建这些假设条件。所有这些假设都将对最后数学模型的形式起到决定作用，甚至可以说是它们引明白了创建数学模型的航向，为我们提供了前进的道路。

（三）数学模型的建立

数学模型的创建乃建立在其假设合乎逻辑与现实基础之上的关键环节，在这个阶段，我们已经为基本的数学模型确立好了相关的数学描述方式及其各项参数间的关联。在这个过程中，我们必须基于先前步骤所提出的数了解决方案，采纳合适的数学语言，同时依据数学问题中所蕴含的规则及这些变数之间的相互影响关系，构建出更为严谨、精确且一目了然的数学模型。

（四）数学模型的分析

在实现并成功构建出符合要求的数学模型之后，可以认为整个数学建模的工作已经完成了相当大的比例，从而转入更为关键且重要的分析阶段。在此步骤之中，我们需要充分利用之前第一步所采集到的与数学问题紧密关联的各类信息资料，例如具体的实际情境以及问题的文本描述和特定背景信息等等。同时，还需注重挖掘问题的本质特性及其特有的特点，以期能够以此为基石，运用撮合科学合理的数学方法，尤其是广泛采用的计算机技术辅助，针对构成该模型的各种相关参数进行深入细致的剖析解读。总而言之，这个环节对于数学模型的成败与否起着极为关键的作用。因此，我们有必要坚决保障所有相关数据信息的精确性和完整性。

（五）数学模型的检验

在数学模型的最终检验阶段，我们需要充分运用前期获取的分析数据，并且将其与实际的海量数据进行反复对比考校，这样才能更为确切地评估出数学建模的整体稳定性以及精确度有着怎样的表现。假使经过验证后的数据结果与实际数据表现出了高度的一致性，那么接下来便需对此类数学数据及其所代表的模型行为进行深度解析，目的在于更出色地完成整个数学模型的完善历程。然而，如果在检验的过程中华出现了预期之外的结果，即检验数据对不上实际数据的情况下，这就意味着先前提出的假设存在问题，我们需要对其予以重新审视并作出必要的修正，然后再次投入到数学模型的重新构建和深入分析之中，只有经过多次尝试后，数学模型的最终检验结果才能被批准认可。

三、高校数学教学中数学构建思想方法研究

（一）多重联结法

在当今的数学构造理念中，多重链接策略乃是占据主导地位的一种手法。这主要缘于各个数学难题所属难度等级有所差异，导致相应构建模型的尺度亦有所区别。首先，教育工作者有必要从问题的切入点着手，深入剖析已知条件，展开详尽而精确的探究过程。在此基础之上，拆分题目各部分元素，借助分层处理的方式，让学生深入理解并掌握，从而为建模提供扎实的理论支持及实践条件。其次，我们应树立具有普适特性的构建思维模式，运用关系剖析方法、均衡分布手段以及数据解决方案等策略来实现实际的规划和设计。例如：探讨三角函数疑难问题时，数学建模理念中的概念图表导引就能得以充分发挥其作用。第一步，教师可以启发学生绘制出基本的正弦、余弦函数图形，视角从周期性、区间比照等多维度展开，将题目中已有的条件以图像的方式表现出来，以便建立起以单调性质为主的模型。另一方面，从数学知识领域的角度来看，教育工作者需引导学生利用局部线索窥探整体风貌，促进数学方法与其他科学领域间的紧密关联。为此，教师可选取一些典型案例作为参考范例，将与之具备关联度较高的相关信息予以整合，构筑成完整的网络布局体系。

（二）梯级递进法

众所周知，梯度递进法主要指的是将数学问题进行递次剖析，从简单逐步走向复杂，用逐层剥离的策略来解决难题。在教育教学进程中，教师扮演着重要的角色，他们主要针对数学基础理论知识开展铺设工作，并在实际应用环节融入一系列具有代表性的案例研究，最终实现全面性的综合研究。以上述“网络聊天中的函数关系应用”这一主题为例，在题目选定之前，师者需在全体学生中间展开广泛调研，以确认同学们对于该主题的确切兴趣程度，从而创建出适合事先调研的环境。其次，以相应的数据作为主线，在班集体中展开自由探讨，通过团队合作的方式提升问题的可塑性。这样的探索式的学习方式有助于营造更为和谐的团体气氛。再次，教师可以采用 PPT 的形式，向学生展示其所得成果；亦或是提供相关的网络消费关键视频素材，激发学生们的思维活力。接着，把学生们分成两人一组，让他们进行相应的策划。各个小组应积极地投身于提出自身思考观点，构建合理

设想的工作中去。在此期间，教师还可以为学生们设置一定的挑战难度，以此考核他们的逻辑思辨和总结概括能力。最后，理顺原始资料，利用函数关系加以表达。在以上所举的数学应用问题中，流量套餐与计费状况两者皆为变数，即计费方式会随流量套餐的改变而随之发生变化。譬如若套餐价值为 18 元，则基本流量额度设为 60MB，若超越 1MB，则需另加收 1 元的计费；同理，若套餐价格为 36 元，那么基本流量额度将会调整为 300MB，超越 1MB 仍需按 1 元收取费用。学生们便可以基于这些变量间的关联性，运用函数坐标系，将流量套餐设定为 x 轴座标，计费方式设定为 y 轴座标，以实现实际问题的具体应用。经由这种阶梯式的步骤排列，教师不仅可以带领学生理解数学建构思想的核心概念，同时也充分展示了团队协作精神。

（三）多元表征法

多元表征法则旨在从多样化的视角审视数学难题，进而探寻最为适宜的模型构建路径。终极目标即是实现对于抽象理论内容的具象化、简化以及生动化表达。举例来说，作为教师，我们可以尝试将函数问题与现实中的真实场景联系起来，从而在特定的背景环境中引出相关知识。例如，以“城市用水标准的编制”这一主题为出发点，当家庭的月用水量不超过 12 立方米时，我们按照每立方米水费为 1 元来计算。而对于超出此范围的部分，我们则按照每立方米收取 2.1 元的费用。并且，在这个范围内，我们还设有污水处理费。如果某个家庭的月用水量少于 12 立方米，那么其产生的污水处理费就是 0.04 元/立方米；反之，若是高于这个阈值，那么产生的污水处理费将会变为 1 元/立方米。通过这种方式，我们不仅运用文字详细地阐述了此类问题，而且成功向学生们引入了“分段函数”的相关概念。在此过程中，我们还能够引导学生以更直观的方式去分析问题，为他们带来前所未有的学习体验。

四、高校数学教学中数学构建思想方法研究的意义

（一）模型检验

在此值得强调的是，综合素质的深度提升对我们高等教育体系中数学基础观念的塑造具有重要意义。在高等教育领域的诸多学科门类中均包含了丰富的数学知识内容，如会计学、计算机科学、土木工程学以及各类科技创新等专业。特别地，对于在工程技术和计算

机领域积极深入求索的广大学生而言，数学不仅构成其核心研究领域，同时亦是关键的工具及手段。举例来说，在针对与工程设计图纸相关比例设定的分析过程中，学生们便需要充分运用所掌握的数学专业知识进行系统的数据处理和逻辑推理，进而有效地增强应对各种问题的能力和水平。

（二）在实际生活中对数学定理进行验证

从本质上而言，数学定理的推导过程往往呈现出乏味单调的特点。然而，数学建模理念却能将实践活动与相关的理论知识有机地融为一体，引导学生们以实际状况为出发点深入研究，对此前提加以更为直观且面面俱到的透彻理解。在此过程中，学生们可以将所学的数学定理视为解决实际问题所需的已知条件，通过构建模拟场景并借助其得出最终的精确结论。此种学习策略不仅有助于深化学生对各个知识点的领悟，而且还会使得他们所掌握的知识体系更为稳固，同时提高解决问题的能力以及锻炼出科学严谨的逻辑思维方式。

综合上述所有因素考虑，本次研讨会主要围绕以下四个关键议题展开讨论：首先，对数学模型的应用范畴及其具体内涵进行了系统性的概括叙述；其次，针对建模思想的形成阶段以及必备要素进行了简要的阐述；第三部分乃是本文的核心章节，重点探讨了高校数学课程教育中数学构建思想方法的实施及实践效果；最后，对数学构建思想的广泛应用价值和重要影响进行了详细说明。基于以上论述，我们有理由相信：数学建模思想的合理运用能够实现理论知识与实践操作的完美对接，为大学生解决现实生活中所面临的各类实际问题提供有力支持，为将来社会实用型人才的培育奠定坚实基础。

第三节　高校数学的多媒体教学方法

伴随着人类社会的持续发展和科技创新的飞跃，多媒体技术已经渗透到了高等教育领域各个层面。新时代背景下，充分融合使用各种先进的多媒体计算机和网络综合处理技术，我们可以对包括文字、符号、图形、动画、音频及视频在内的各类多媒体信息进行有条理的分类、整理和搭配，最终构建出切合实际教学需求且科学合理的教学结构，并将它们生动地展示在荧幕之上，从而达到众多教学目标的实现。在当今高校教育中的广大学科领域里，尤其是在数学科目中，多媒体教学方法已经得到了广泛和全面的推广应用。对比传统的数学教学方式，多媒体教学法展现出诸多显著的优势。这种教学手段得以让书写文字更为规整、清晰可见，扩声功能优越出众，师生之间的沟通内容亦更为丰富多彩。并且，借助于图像和图形的动态模拟展现，可以使得大学数学科目的内容更加直观形象，进而便于学生更深入透彻地理解与领悟，培养他们对数学问题的独立思考和解决能力，同时进一步提高他们的整体数学素养水平。然而，值得注意的是，如果任课教师过度依赖多媒体课件，极易沦为仅仅机械式操作播放多媒体教学课件的“放映员”，进而完全丧失了多媒体教学原本应有的促进教学深入展开的功效。更为严重的情况是，若老师们耗费过多的时间和精力用于课件的制作，则备课时间必定相应被压缩，这无疑将会影响到实际课堂教学的效果。就学生角度来看，由于多媒体课件内部包含了大量信息资源、内容复杂多元，长期连续集中进行高强度的文字阅读、声音聆听及视听体验可能会造成身心疲惫，从而影响到他们对学习内容重点及难点的理解与掌握。此外，在多媒体教学过程中，过于单一化的“放映”形式，也易于造成教师与学生之间的互动交流和教学配合的断裂。最后，实行多媒体教学的硬件设备亦需满足一定的规格要求，否则稍有设备故障或是意外发生便可能导致教学过程受到中断，从而挫伤教师与学生投入教与学的热情，甚至带来教学中断等不良后果。

鉴于上述诸多挑战及状况，在实践中，绝大多数教育工作者均倾向于将多媒体教学与传统教学手段有机融合，以达到优势互补之效果，进而满足当前新兴时代对高等教育数学课程设置的需求，并结合当代青年学生特性进行教学，以推动基本教学工作的健康发展。本文作者凭借自己长期以来积累的丰富多媒体教学经验，针对如何实施有效的多媒体教学策略展开论述，旨在进一步提升课堂教学的质量与成果，便利教师授课，增加学生学习成效。

一、多媒体课件呈现内容宜精不宜多

现阶段，由于国内各个高等教育机构所选用的教材存在差异性，由此导致相应的多媒体教学素材也呈现出多样化的特点。然而，市场上销售的一些主流大学数学教学课件无法被随意更改并融入教师个人所积累的丰富教学经验以及独特的教学理念，这也就使得教师们难以对教学事件进行富有针对性的设计与安排。为了改善这一状况，许多高校积极动员其教师投入到有针对性的教学课件制作中去。尽管如此，由于制作课件通常需要对教学内容有深入的理解，同时需要拥有熟练的课件制作技能，因此大多数教师只能将书籍中的内容全盘复制到屏幕上展示给学生。这种做法无疑会加剧课件内容的繁琐程度，也可能导致课堂上教师忙于阅读课件信息，学生则忙于观看课件内容而忽视了学习的本质——互动交流。若要制作一份优质的课件，应当具备清晰的逻辑结构、深入浅出的表达方式，并且需要从概念的定义、性质，逐步过渡到实际案例的应用，形成良好的层次感。在制作课件时，应该遵循“内容适宜，不宜过多”的原则，以 PowerPoint 电子文稿为主导的现代多媒体课件制作。建议每个课程课件的屏幕数量应保持在 20 屏左右。一般而言，每个屏幕上的文本应限制为约 50 个汉字。若配有公式或者图片，则必须提供相应的文字解释或者引用。至于定理的证明过程，可以适当简化，以便师生能够更好地理解证明过程的整体思路。在这个过程中，教师可以采用引导性的方式，鼓励学生自行思考并补充其中的具体细节。

二、板书教学与多媒体教学相互配合

传统的板书教学模式通常由教师发挥主导作用，利用粉笔在黑板上的绘制和表达来进行讲授式的教学活动。这种教学策略使得教师能够全面掌控学生的学习状态以及课程整体进展情况，教师亦可以根据学术数学课程中的各个知识点的复杂程度，随时调控教学节奏，对于学生尚存疑惑的概念或定理部分，可以适当放缓教学速度并进行深入细致的讲解。在讲解及论证案例分析或理论定理的过程中，教师会像条索清晰的绳子一样逐步引导学生进行思考，这有利于培养他们形成严密且有逻辑顺序的思考习惯。此外，教师在授课过程中所采用的语言表达方式、教学立场、思维模式乃至课外作业要求这些方面，也都对学生产生着深远影响。一名严谨治学、思维敏捷、经验丰富的优秀教师无疑会深刻塑造学生的思维方式和处事行为。然而，传统的板书教学也存在一些局限性。首要问题就是，这种教学方法对于教师身体状况的要求较为苛刻，长时间的粉尘暴露以及站姿对腰椎的压力都可能带来潜在的伤害。其次，传统高等数学教育在经济成本和受众覆盖面积方面相对较高，特别是针对大规模班级，教师需在有限的空间内尽量扩大音量，同时还需要书写较大字号的板书以达到理想教学效果。最后，数学中的定理证明过程往往犹如篇幅较长的文章，甚至涉及到复杂的图形描述，这使得传统板书教学难以完全展示其完整面貌。因此，在运用多媒体教学时，对于重点定义和定理，我们推荐以板书形式呈现，以此凸显它们的重要性。这样，到每一课结束之时，学生便能够清楚地了解他们所学到的核心内容，并且所有细节内容都会被精心制作的课件所详细解释和阐述。

三、多媒体课件讲解速度拿捏得当

在高等院校的数学课程教学活动中，受制于课程时长以及教学内容等方面的限制，教师在授课过程中往往只能单调地通过移动鼠标操作演示文稿以及阅读教学文档的方式进行授课，这样不仅使得教师自身感到授课乏味，而且也会使学生丧失参与度与学习兴趣。授课节奏过快，忽视了给学生预留出充足的理解与思考空间，从而导致课堂所教授的内容过于繁重，难以消化吸收，进而导致许多学生无法跟上教学进度，导致学业上出现困难，有可能导致学生情绪低落，产生消极或者抵触的情绪态度，严重者甚至可能会出现厌学现象。这无疑是多媒体教学形式下所面临的最严峻挑战之一。为此，在实践中的教学过程当中，教师应当根据学生对于知识接受能力的差异来灵活调整鼠标的操作速率，以确保把握好课堂教学的整体节奏感。此外，还需避免简单机械地照本宣科，应当设法准确拿捏好话语的节奏，对教学内容进行仔细而详细的解读分析，并且绝对要为学生留下充足的思考时间。尤其针对那些关键的知识点与重大结论部分，更应该留出足够的时间供学生做笔记整理。

四、多媒体教学适当地设置小环节改变教学方式

在运用多媒体技术进行教学实践过程中，往往会出现这样一种局面：教师在课堂上独自进行传授知识，而全班同学只是亦步亦趋地跟随着老师的节奏。这种单一化的教与学方式，使得教师与学生之间的互动交流严重不足，教师为了按计划完成教学任务而努力讲解，然而学生们只能被动地接受课件中所展示的结论。如此一来，课堂氛围变得枯燥乏味，缺乏活力，学生们难得有机会对所学内容进行深入的思考与分析。因此，教师应当巧妙地在课件设计中纳入多样化的解法或证明，甚至是错误的解题途径，且在事先不告知学生真相的前提下，要求他们对这些策略进行比较和批判性评估。这样不仅可以检查学生对知识的理解深度，还能让他们将所学知识进行灵活运用并加以巩固。在此过程中，学生的逻辑思维能力得以增强，他们更为积极地投入到学习活动之中，这既是新时代“以学生为中心，教师引导”的教育理念的充分体现，也是学生作为学习主体地位的真切反映。通过密切与学生保持沟通交流，构建师生间良好的互动关系，促使学生全方位地把握计算技巧及关键步骤，从而实现“学习为主导，教学为主体”的理想教学成果。

随着多媒体教学在高校中的普及和深入，在实际教学中多种教学方式方法的尝试和引入，同时在理论上进行探索和总结，势必会使高校的数学课堂精彩而丰富。

第四节　高校基础数学教学方法

在高校整体的育人使命中，高等数学的教学扮演了至关重要的角色，这一领域因其系统严密的逻辑结构、高度的抽象思维特性及严密的推导过程而备受重视。对于我国科研事业的蓬勃发展来说，高等数学功不可没，具有举足轻重的意义。在此背景下，《经济数学基础》作为高等数学教学体系中的基础科目，囊括了微分、积分、线性代数乃至概率统计等多个方面的知识，可以极大地增强学生的逻辑思考和推理分析能力，无论对其学术成长还是职业生涯的塑造都有着极其关键的影响力。

一、高校基础数学的作用分析

（一）培养学生的逻辑思维能力

作为展现高度逻辑性的教育领域之一，高等数学无疑成为了众多大学教育课程设置中的重要组成部分。事实上，这门学科的诸多命题与定律皆基于最基本的公理进行深入研究与探讨，从而逐步打造出一座严密精确的理论大厦。因此，高校在开展基础数学教学时，通过对高等数学知识的系统阐述与深入研讨，有助于大幅增强学生们的逻辑思维能力，进一步提高他们的思考深度以及思维准确度，从而逐步培养起他们的严谨做事风格。这样的教学对于学生个人的全面发展及其未来的职业生涯而言，具有极大的重要性，进而有助于他们在人生道路上实现更有价值的自我提升。

（二）培养学生的综合应用能力

在高深数学教学活动中，我们始终秉持严谨的态度，将重点放在对基本概念与知识体系的讲解之上，同时深度解析学生的认知模式。通过深入浅出、系统化的讲授方式，帮助莘莘学子们更好地理解并掌握各种数学知识，提高他们的解题能力；让他们的思维方式紧跟老师的引导，以此促进他们运用这些知识解决实际问题的能力显著增强。然而，传统的教学方法，往往导致课堂氛围相对沉闷，学生对于高深数学理论存在不小的抵触情绪，这无疑会限制学生思维能力的发挥，对他们未来学业及数学学科素养的提升产生一定程度的负面影响。实际上，高深数学对于培养学生综合性应用能力起到了至关重要的推动作用。

在确保学生对知识理论有充分认识与理解的条件下，通过对典型题目进行反复推演与剖析，有助于学生巩固所学数学知识，灵活运用技巧，既深化了知识内涵，又切实提升了学生的综合素质与实践能力，对学生的全面成长与发展大有裨益。

（三）培养学生的自学能力

对于高等教育领域的教学实践而言，课堂授课无疑在学生求学之路上占据了极为重要的位置，然而，它并不能被视为学生获取知识的唯一途径或主要方式。在大学生涯的四年时光里，他们应该根据自身需求与实际情况，对学习资源进行科学有效地调配和计划，以保证充足的自我学习空间，进一步拓展自己对现代科技、人文等各个领域知识的认知度和理解力，从而全面提升自身综合素质及综合竞争力。

二、高校基础数学教学方法分析

对于学生的学习能力与学习质素的提升而言，拥有浓厚的学习兴趣无疑具有至关重要的推动作用。特别是在探讨高等数学领域时，其繁复的知识体系及严苛的逻辑推理技能要求使得教学过程难免会产生些许单调乏味之感，这种现象无疑会给学生对于数学知识的学习热情带来负面影响，最后势必会对学生的整体数学成绩构成影响。鉴于此，在实际的教育教学过程中，我们有必要寻求切实可行的措施来优化教学方式，唤起并增强学生的学习积极性，以期提升他们的学习愉悦度，进而有效地解决当前数学教育教学质量方面所存在的诸多疑难问题。

（一）研究性学习法的应用

研究性学习方法，乃是通过深度剖析和探索与之相关联的数学知识或理论体系，使得广大同学在探究与分析的过程中所悟得的思维与理解，均有助于深化对相关教育教学理论及实践操作的深入认识，进而有针对性地转化为实践技能，进一步提升他们所拥有的数学素养与技能水平。对于以高等数学教育为核心的教学而言，研究性学习方法产生了至关重要且不可替代的推动和补充效果。作为授课教师，我们应当在现实的教育教学过程中高度重视对研究性学习方法的运用，因为其能够在协助学生高效应对教育难度较大的知识点和复杂多样的数学理论知识方面发挥显著的积极影响。首先，担任教师的我们应根据每个学生学习习惯、兴趣爱好等特点，明确并清晰界定各个学生在研究项目中的分工与协作关系，同时结合教学大纲和课程设置，精心设计研究课题，使得每位同学都能够在自主研究过程中，实现知识的巩固消化及其创新思考能力的初步形成，从而切实有效地全方位推动学生的数学能力乃至综合人文素质水平的整体提升。

（二）交换式学习法的应用

当前，我国高等院校的基础数学教学普遍侧重于教师在教育教学领域中的主导地位，对教师在课堂授业解惑及知识传授方面的投入给予了高度关注，然而，与此相对应的是，学生在课堂中的主要职责仅仅局限于聆听和记录，这种情况不仅严重限制了师生间的对话与互动，也使得学生难以充分把握和巩固所学知识，对其数学成绩的提升无疑产生了极大阻碍。交换式学习方法便是在此背景下提出的，它旨在更深层次地促进教师与学生在数学教学过程中的角色互换，以此提高学生对所学知识的理解深度和掌握程度，同时也有助于学生增强自身的口头表述能力。具体而言，在基础数学教学环节，教师应当在每节课程结束后针对后续目标进行合理规划，并引导学生对本节课堂所涉及的教学内容进行深入剖析和有效解读，同时，指导学生收集、整理相关资料和信息。接下来的课堂时间，学生将有机会担任“教师”的角色，为同学们提供讲解启发，此时，教师需要从学生的视角出发，耐心纠正学生出现的部分知识性错误，帮助他们巩固已学数学知识体系，进而促使整体学生数学水平得到全面提升。

（三）讨论式学习法的应用

高等数学，这门需要极高逻辑思维以及挑战性的学术领域，在传统的教育教学模式下开展，难免会导致学生的学习兴趣逐渐丧失，进而对其学业成果产生重大影响，限制了数学素养的进一步发展。鉴于此，我们必须寻找更为适宜的教学手段，以调动学生的积极性与活力。毕竟，高等数学的知识点之间错综复杂，紧密相连，使得问题的难度颇具挑战性。因此，在实际的教学环节中，老师有必要运用适当的教学策略，引导学生自主探究和交流有关于知识要点的理解和研究，以此来提高学生对于数学知识的综合运用能力。此时，一种称为“讨论式学习”的方式就显得尤为重要，具体说来是将课堂教学与学生的解题能力进行有机整合，激励学生在课堂上踊跃发言、深思熟虑，为他们营造理论与实践相结合的氛围，引导他们对所学数学问题展开深入探讨，使师生间的互动愈发频繁活跃，激发学生对数学知识的求知欲望。通过这样的教学方法，可以帮助学生克服恐惧心理，逐步探寻数学知识的奥秘，培养学生的自信心和进取精神。

（四）加强对多媒体技术的应用

伴随着我国科技创新的飞速进步以及计算机信息技术的蓬勃发展，这为高等数学教学带来了极为显著的积极影响。值得我们注意的是，在实践中的教育教学过程中，教师应当高度重视并广泛运用多媒体技术，这样做对于营造出优良的教学环境与浓烈的教学氛围而言，具有不可估量的意义。首先，在每节课程开始之初，为了培养学生的学习热情，教师可以先以教育教学目标为指引，播放一段巧妙融合了趣味性的教学视频，以此来深入阐述相关数学领域知识的历史背景或引人入胜的科研逸闻趣事，力求燃起教育教学热情的火焰。接着，在实际的教学过程当中，教师应主动借助于多媒体技术，对数学教学内容进行精确且详尽的补充，并借助于丰富多样的课件形式进行有效的直观展示。此外，在授课过程中，多媒体技术还能对相关数学原理的推理演算过程进行清晰明了的动态演示与详细阐释，帮助学生更好地把握和领悟数学知识的精髓，显著提升他们的数学素质和能力。

高等学校的基础数学教育无疑是大学阶段教育体系中的核心与重点，同时也是相对困难复杂的教学内容。在现实的教学工作中，教师们对此理应有更高的期待和更多的投入，积极采用更为实用可行的数学教学策略，对传统的填鸭式教学方式进行实事求是的优化与改进，努力激发学生对高等数学的浓厚学习兴趣，将抽象的数学概念变得生动具体、易于理解，缓解学生的畏难情绪，使数学课堂洋溢着欢乐气氛，进而切实推动学生学业成绩的持续提升，大幅度提高学生的数学素养和能力水平。

第五节　教育信息技术与高校数学教学整合方法

一、高校数学教学中使用多媒体的优势

有助于充分激活与发挥学生的主体性作用。在以往的高等学校数学课程教学实践中，教师采用的往往是所谓的“一言堂”式教学方法，使得学生的互动参与感大大降低，进而突显出学生的学习需求与现行高等院校数学教育策略之间存在着较为显著的矛盾现象。然而，多媒体教学技术在高等院校数学教学环境中的广泛应用，为高等院校数学课堂充分激发与开发学生的主体性提供了有力的支持与可能性。受其多元化的输入输出功能影响，采

纳多媒体教学技术的高等院校数学教学生动且富有活力，这也使得运用该技术的教学过程具有更为卓越的交互能力，从而能够更加深入地挖掘并发挥学生自主学习的潜力。在教学环节中，学生的学习过程如同充斥着探险元素的游戏情节，因此，经过精心策划的多媒体辅助高等院校数学教学计划普遍受到学生们的热烈关爱与热切欢迎，这对于提升高等院校数学课堂教学的生动性，以及点燃学生的学习热情和创新激情都有着至关重要的地位。

有力地推动了高等院校数学课堂教学中信息容量和密度的大幅提高。高等学校数学研究领域涉及到繁琐复杂的理论概念以及知识点繁多是其独有特征，然而在传统的教学方式下，单纯依赖讲解的授课方式无法满足进一步提升高等院校数学教学质量的迫切需求。此外，由于传统的高等院校数学课程教学要求教师需在讲台上用粉笔书写文字列表来展开教学，这种做法在某种程度上延缓了教学进度并缩小了教学内容的覆盖面，从而导致了高等院校数学课堂教学时间被挤占，难以得到合理分配。但借助于多媒体辅助教学技术的运用，高等院校数学教师可以更有效地传递大量丰富的教学信息，使得有限的教学时间内能够容纳更多的知识内容。在此基础之上，相关学者还可以利用其他剩余的时间，对学生已掌握的知识进行巩固复习，并收集更多的反馈意见，因此，多媒体辅助高等院校数学教学不仅提升了教学信息内容的数量，还从根本上提升了教学质量。

多媒体技术在高等教育院校的数学课堂教学中发挥了举足轻重的作用，并在一定程度上推动了“因材施教”教学模式的实施。对比于传统的板书式教学，多媒体辅助教学所采用的电子课件与其存在着显著的差异。传统的教学方式通常将板书作为核心要素，要求学生耗费大量的时间和精力来记录笔记，而在现今的多媒体教学环境下，这些课件只需要通过网络即可获取、查看与运用，避免了传统教学空间中的因记录不完整导致的知识巩固及复习困难等问题。在此过程中，教师还可依据实际授课状况来对电子教材进行持续的优化与改进，使其更好地满足教学需求；同时，学生们也能不受课程设置的局限性制约，根据自己的数学功底自由选择学习的侧重点，进而自行安排学习进度。因此，相较于传统的教学方式，多媒体在高等教育院校的数学课堂教学中有更大的优势，对于贯彻实行“因材施教”的教育理念也具有重要的指导意义。

二、现代教育技术与高校数学教学整合的方法

相较于传统教育方式，多媒体技术所带来的高等院校数学教学优势明显。然而，如果在运用过程中未能把握其合理性，教学效率及成果可能会受损。因此，在运用多媒体技术

进行高等院校数学教学的过程中，教师需准确把握各类复杂关系，实现良好的教学提升效果。

高等院校数学教育的最终目的是培养学生综合素质，包括创新意识、科技理解能力和思考深度等方面。在此基础上，通过多媒体技术帮助年轻学子挖掘智力潜力，达成既定教学目标。为实现以上目标，在运用多媒体技术开展高等院校数学教学时，教师需紧扣新课程理念，以教学目标为核心，引导多媒体教学手段发挥最大效用。然而，部分教师对多媒体技术应用不当，导致教学资源浪费，影响了学习效果。对此，教师应明确教学目标的主导地位，灵活运用多媒体教学技术，如音频、视频、图表等形式。在运用过程中，要根据教学内容和学生具体情况，选择最佳的多媒体呈现方案，以达最佳效果。

需确保多媒体和教授之间协同统一，发挥信息化教学的显著影响力。高等数学教学领域中，借助多媒体优势禀赋，学生的自主学习、团队协作及探究能力都将得到大幅提升。更为关键性的功能在于，多媒体还能营造出优质的教学氛围。不过在实践操作中，我们要明晰师生互动与同学间交流的必要性，因为这些都是不可取代的部分。因此，如何有效地把多媒体教学与间接传授知识融会贯通，就成为了亟待解决的问题。依据现阶段的教学原则，大学数学教师作为引导者，始终居于授课活动的中心。学生成为教学主体，多媒体作为教学辅佐工具。教师只需发挥指导作用，无需更多强调重要性。这一角色至关重要，原因包括两点：首先，师生互动不仅能传递知识，也能培养学生品德修养，而这一点是多媒体教学无法取代的；其次，虽然多媒体提供多种选择，但其运行仍依赖于教师精心设置，所以教师的主导地位不变。

高校数学课堂需要情感交流与学术传授的平衡发展。在这种情况下，学生和教师的交流成为关键，而情感互动则起到了纽带的作用。值得我们注意的是，尽管师生、设备间存在单向的信息传递，但不代表有感情交流的参与。因此，人际交往在教学中的重要性远不及师生交流重要。使用多媒体辅助教学时，教师需把握好时间，确保其在知识传递中占据主导地位；选择合适的技术应用场景和手法，突出学生的主体角色；用自身活力启发学生主动性，通过情感化的言语表达，分享对学生思维的洞察，并根据他们在教学中的感受给予指导。

第五章　高校数学素质培养的理论基础

第一节　数学素质的内涵及其构成

一、数学素质的本质属性

要深入研究数学素质的内涵及其本质特征，我们需要基于对其本质属性详尽分析的基础之上进行阐释。之所以如此，主要原因在于每个概念所独有的本质属性都能够揭示出它们之间的有机联系及显著差异，以及通过对概念本质属性的深入剖析能够使我们对于它有更清晰、更深层次的认识和理解。从这个角度来看，数学素质所表露出的本质属性既具有鲜明的境域性、又具备强烈的个体性、同时还带有极强的综合性、极其显著的外显性以及不可或缺的生成性等诸多特质。

（一）数学素质的境域性

众所周知，“境域性”这一概念强调了任何一种知识皆定位于一个具体的时间轴线、三维几何学中的空间定位、具有普遍约束力的理论框架、内在规范的价值观体系以及具备独特韵律与寓意的语言符号等诸多文化元素之中。每一类知识的真谛并不仅仅体现在其自身的阐述层面，而更多地由其所在的整个意义系统共同反映；脱离此特定的境域环境，不但不能产生任何形式的知识积累，甚至连认知主体及其所投射的认知活动也将荡然无存。以数学素养为例，它无疑深刻描绘出知识的境域情境性质，数学素养的立体展现离不开丰富多样的数学知识，无论从这一素养的构建阶段直至其外在的展示阶段，皆紧密依托于某种特定的实践环境。若缺乏相应的情境条件，数学素养便无法从中植根发芽、展现自身的魅力。当我们称赞某人拥有深厚的数学素养之际，通常都是基于他在特定情境中所展露出的解难题才能进行评估评价。因此，如若要跳脱出特定的现实情境去衡量评判某人是否真的具备数学素养，无疑是相当困难的任务，且不论国内国外，学术界对于学生在真实情境中表现的研究趋势同样着重显示了这一点。

（二）数学素质的个体性

数学素质的个体性主要是指其具备极强的个性特征。这其中，数学素质显现出来的重点在于个体对于既有的认知进行相应的调节和适应。从心理学层面分析，“鉴于每个人的感知环境都是独特的，那么尽管两个人可能同时出现在同一个时空节点（或者至少在相当接近的位置），他们的心理环境仍然可能存在极大的区别。此外，面对同样的‘客观事实’的情况下，他们的行为也有可能由于各自的动机和经历背景的差异呈现出显著的差异。”并且，从知识传播的角度来看，作为传授的内容时常仅仅是知识的表面层次，这种表层的性质是相对非实质性的。借用叔本华的譬喻来说明：这种知识就像是探险家留下的脚印，我们可以清晰地观察到他走过的路线，然而并不能由此了解他沿途见到的景色。若要真正知晓探究者看到了怎样的景象，则需要深入挖掘知识的内核，即那些还未被明晰表述且属于个人化的知识。由于这种知识尚未获得明确定义，因此我们无法仅凭掌握的表层次、明确的知识来理解探究者所收获的知识。同时，这类知识因为具个人特色的缘故，通常只能供当事人自身深刻感受到。如果我想要洞察这些知识，就必须在某种程度上重塑他的研究历程，让自己在某种程度上成为创新这一领域知识的独立个体。

数学素质之所以显示出与其他概念之间显著的差异，正是源自于其构建的丰富多样性以及个体间的差异性。实际上，数学本身就是一种人类智慧的结晶，许多数学知识体系都源于人们的创造性发掘、深思熟虑，它们不仅体现了人们的信仰、意图，还反映了人们的行为法则和思维方式。而数学素质相较于数学的非凡之处就在于，它兼容了个体对数学学习和实践的独特体验、领悟以及深度反省的成果。这些体现在个体身上相异的数学体验、领悟和反省共同塑造了其特有的个性化特征。

（三）数学素质的综合性

数学素质作为一个极具整体性的系统，与单纯的数学知识有着显著的区别。从具体的内容层面分析，数学素质包含了诸如数学知识、数学情感、数学思维方式、数学中的基本思想方法以及数学所传达的科学精神和人文关怀等多方面因素。这些复杂且深入的元素已构成了一个紧密相连的有机整体，彼此间的关联互动和相互制约着整个体系。同时，数学素质的独特和个性化特性赋予了这些成分以生命力，这种生命系统的基本特征之一即为相互交流与作用。在这样的生命系统中，每个组成元素都是以与其相连接并和系统整体关系密切的定位进行定义，这恰恰是生物学研究中所特有的性质之一，这一特殊性质也使其更适宜为人类进步发展提供一个智囊团式的蓝图。

当我们从数学素质的具体展现形式来看时，我们便可以将数学素质描述为相对稳固的心理状态或心理品质，也可以视为一种综合素质、主观能动性的行动表现以及综合运用多种技能的能力水平。实际上，素质更像是一种精神威严，一份高质量的道德品质，一种难以直接感知却又无处不在的存在从横截面剖析，没人能找到一种单一的特性一言以蔽之地全面涵盖人的素质内涵，但正是那些看似平淡无奇的细节在关键时刻得以显现出一个人的人格魅力、处世哲学、知识渊博程度、领导才能、智慧风范等全方位素质。因此，数学素质充分展示了其综合性的特点，任何简单的一条标准都无法精准地描绘出数学素质的全貌。

（四）数学素质的外显性

几何素养的外在表现，意指身为社交群体成员的人类个体，始终处于与其他社会伙伴互相交流互动的过程之中。因此，个人所应拥有的几何素养必须通过特定场景下的具体行动反映出来。换言之，大众对于一名具备几何素养之人的认知，往往基于他们在外在行为中所展现出来的数学技能和品质。正因如此，为了确认与培养一定的几何素养，我们需要首先通过这个个体在外显环境中的行为表现来进行判断。无论在全球范围内从事的数学教育研究，乃至我国境内进行的相关研究工作，无不纷纷关注并强调学生在现实情境中的个人表现，追求以各种方式描绘几何素养的行为特性。

（五）数学素质的生成性

相对于数学知识的传授与吸收而言，我们发现数学素养的形成具有相对性的特质。就本质上说，“素质”的特征决定了其教学途径无法仅仅缩减为知识的传递或接收，乃至灌输与记忆的模式。然而，人们划定的所谓知识却能采用上述的方式来实现教学。然而，素养显然无法依靠言辞化载或口头传授的方式由一人直接传递至另一人，相应地，学生亦无法单凭接收的方式＊，，无须经验地从其他人那里直接获取已成型的素养。因此，数学课堂教学不仅能够向学生传授丰富的数学知识，教授他们必要的数学技能，而且学生也能从这样的教学过程中获得数学素养。但是，数学素养只能在个体自身所经历的数学活动中得以孕育，并且在现实生活的情境下展现出真挚的特性。当个体身处于数学活动之中，经过对数学的体验、感悟与反思，从而真正地形成了个人的数学素养。

总之，数学素养的境域特性深刻地揭示了其形成和提升必须依赖特定的情境条件；数学素养的独属性则明确指出，数学素养的养成无法脱离具备充分主体意识的人类个体，若缺乏这类主体的参与，数学素养便无从谈起；数学素养的综合性质说明，任何孤立的衡量尺度都难以完整地描绘出真正的数学素养内容；数学素养的外显特性进一步指明，数学素养是否真正形成，需要通过观察学生在实际情景中的数学行为来给予权威确认；而数学素养的产生特性则向我们强调，在培养学生数学素养过程中，应大力关注他们对数学的深入感知与独特领悟，以及深入的思考与反省，这也明示了数学素养的教育方法不应停留在仅仅教授课本上的数学知识层面。

二、数学素质的内涵

基于对数学素养实质性的深刻理解，本文从其生成过程角度进行深入剖析，将其精确定位为：数学素养是个体在过往积累的丰富数学经历基础之上，在实际参与的各种数学活动中，通过全身心投入到其中去体验、认真仔细的去领悟及深思熟虑的再反思后得到的一种贯穿各个方面、具有综合性质的特质。更具体而言，这种特质可细分为在真实生活环境下应用数学知识及其技能，以理性严谨的方式解决各种问题的行动特性。一般来说，新型科学理论在得到公认之前必须经受住实践的严格考验，这便需要满足三点条件：首次，崭新的理论能全面解释旧理论已曾详细阐述过的所有现象；其次，新理论也应当能够解答旧理论无法阐释的诸多现象；最后，新的理论亦应具备更高效的预测能力，以便能够准确地把握事物发展的脉络、轨迹以及预见新事物的诞生。因此，我们可以通过对世界范围内的数学教育研究成果进行全面分析，以期揭示出数学素养内涵的合理性。

在国际数学教育领域的研究中，我们是在确立“素质”概念为基石的基础上，赋予了“数学素质”全新的诠释——它不仅指个体对于数学在现实社会中所扮演的角色具有敏锐的洞察力和深入的理解，同时也暗含着一种思维模式和公民责任，期望个体能够具备进行严谨推理和深入思考的能力，以便在当前乃至未来的日常生活中，做出明智且具依据的数学判断，并积极参与到数学活动之中。而我们对于“数学素质”所给出的定义，则是从数学素质养育的角度出发，我们更关注的是数学素质的培养过程，以及学生在实际环境中对数学知识的运用和呈现，这其中牵涉到了数学素质的源头、培养路径和成熟程度等多个方面。全面把握这些因素后，才能从更科学的角度去打造针对性强、实用性高的数学教育课程，并且对学生的数学素质进行准确而有效的评估。

三、数学素质的构成

（一）数学素质构成要素的分析框架

用以研究、分析和把握某一领域的基本尺度称为分析框架，它既规定了对这一领域研究的问题的内容和边界，又提供了理解、分析、解决这些问题的基本视角、基本思路、基本原则和基本方法。因此，分析框架的建立极为重要，数学素质构成要素的分析框架的建立应该依据以下几个方面：

1. 社会发展对数学的需求

无论从教育现象学理论或实践数学教育理论的角度来看，我们都可以清晰地看到，教育或者说数学教育应该更为紧密地贴近现实生活，这样才能更好地满足社会对于数学教育的实质性需要。同样地，我们也深知，构建数学素质构成要素的分析框架至关重要，这其中必须充分考虑到社会发展对于数学学科的实际需求。在 21 世纪这个充满挑战的“数字化时代”及“信息时代”中，数字技术的飞速演进和广泛使用，使得我们的社会逐渐降低了传统意义上对大多数普通民众基础数学技能和部分高难度数学技巧的期待；然而同时，我们对于多数公民能够熟练掌握的数学理念和数学思维方法、甚至对数学知识的运用意识和态度提出了更高的期待，以通过这些途径，他们能够更加高效地运用数学工具来处理各种复杂信息、发掘出各种自身经验以外的规律，从而为作出明智的决策打下坚实基础，适应数学在各个领域中日益增长的重要地位。一言蔽之，信息时代中对数学素质的诉求主要体现在下列几个方面：首先，个体需要具备良好的信息技术操作技能；其次，个体还应具备熟练的数据采集和处理能力；再者，他们还需熟练掌握用数学的视角审视和思考问题并运用数学工具解决现实问题的意识，以及具备科学的数学思维展示出有条理的解决方案。在此背景下，我国著名数学家郑毓信教授深入阐述道：“在当前阶段，我们应致力于创建信息时代所特有的数学教育模式，其中最关键的因素在于我们是否能够帮助广大学生学会如何运用数学思维去观察世界，进而找到并解决问题。”因此，在现代社会的许多领域和活动中，人们越来越重视运用数学语言进行沟通交流，解释涉及定量讨论的观点，以及给出对数学模型的批判性评价，这些都是我们在评估数学素质时不可忽视的重要标准。数学素质可以根据不同的性质划分为几个方面：第一，为经济发展服务的数学素质；第二，代表文化认同的数学素质；第三，社会变迁中所需的数学素质；第四，环境保护意识角度的数学素质；第五，关注数学教育评价的数学素质（包括精准度、标准化等方面的讨论，以及数据结构化、数理体系的深入研究）；最后，我们认为一位具备完整数学素质的成年人至少需要了解与数学应用相关的实例，能够流利地阅读和理解涵盖数学理论的学术文献，并且能够将统计数据和数学模型的结论融入到政治辩论中。正是基于数学在现实生活和科技进步中所发挥的巨大影响力，人们开始更为普遍地认可数学作为一项非常强大的工具。

在此，值得我们深思之处在于，数学艺术拥有两项基本品质——工具性质以及文化内涵。它早已被广泛应用于诸多领域，因此在人类社会历史发展的长河中，追求短期利益最大化的思维定式，使得数学的工具性质变得越发引人注目，并得到了越来越多的关注与重视。尤其随着实用主义思想逐渐占据主导地位的大环境下，对数学纯工具性质的强调，进一步加剧。这也意味着数学的工具性质，绝不会被世人遗忘。然而，数学的另一面，即其蕴含的丰富文化，却未能引起广大教育工作者以及广大接受教育者的足够重视，高度到甚至只有少数数学哲学方面的专家们才能理解其重要性。但是，当这些人在日后成长为著名的哲学家、律师或者军事将领等领袖级人物时，他们在学生时期习得的许多非功利性质的数学知识可能早已被淡忘。然而，那些留在记忆深处的数学精神以及数学文化观念，却能够长久地对他们的职业生涯产生深远影响，起到了至关重要的作用。换句话说，他们当初所接受的数学教育，会一直在他们的生活方式以及思考方式中发挥决定性的影响力，决定了他们的人生道路。以上便是数学的文化性质，数学的文化观念以及进行文化素质培养的重大意义及无可替代的价值所在。

知名的日籍数学学者米三国藏在他的著作中重申："在中小学时期，学生们所接收到的众多数学知识点，尤其是在中学生涯中所学习掌握的知识，由于在毕业踏入社会之后往往很少有实际运用这些数学知识技能的机会，因此这些学术性的知识便很容易被迅速遗忘。然而，无论学生们日后踏入何种职业领域，那些深入骨髓的数学精神、独特的数学思考方式、各种研究方法以及严谨的逻辑推理能力，只要在学校期间得到充分的培养，便可以如同沉淀下来的积淀一样，时刻对他们产生积极效果，使其终身受益。这种数学的精神、意识形态以及实践策略，不仅仅体现在初级的数学教育阶段，同时也渗透到了高级的数学课程中，各类教材之中都充斥着它们的身影。若教师能够充分利用教科书及其他资源来传递这种精神、观念和方法给学生，并让他们在实践过程中灵活运用这些数学思想、技巧，反复演练提升他们的思维能力，那么在小学生、中学生乃至高中生的 12 年求学过程中，他们将有幸无数次地接受同样的精神素养、方法法则以及实践原则的教导与训练。尽管他们可能不记得具体的数学知识细节，但是那些抽象的数学精神、观念、方法却会深深烙印在他们脑海深处，持续地影响他们未来的生活与事业。”从多元化的数学应用领域、深厚的数学文化底蕴、数学教育现状以及数学知识与数学精神、数学思想方法、数学思维等多个维度进行纵横对比，我们可以发现，数学精神、数学思维、数学思想方法、数学应用以及数学知识等各个模块共同构建起了稳固的数学素养体系。其中，尤其应引起高度重视的是数学应用型素养、数学思想方法素养、数学思维素养以及数学精神素养。

2. 受过教育的人的特征

数学教育作为教育领域之中至关重要的环节之一，由美国现代杰出教育哲学家彼得斯（Peter）提出表示，一名合格的受过良好教育之人需具备以下四大基石特征。首先，根据现代教育理念的考量，教育所推崇的知识与理解范畴，不应局限于个别专业技法。哪怕某个人拥有非常卓越的手工技术如钳工、车工等，也未必能证明其拥有全面教育背景。所谓的受过良好教育之人，应当是深入掌握广博丰富知识或概念图谱的实践者；这些知识或是观念体系，构成他们自身的认知结构。所以，这也就解释了，为何体育教育和体育训练是两个完全不同的概念。

其次，受过良好教育之人所掌握的知识并非环境无生气的陈述，这些知识的实际应用应当为接受教育的个体提供合理的推理逻辑，进一步重构他们的经验体验，甚至能够修改他们原有的思维模式和行为能力。举个例子来说明这个观点，一个拥有丰富知识的人，如果未能将这些知识用于改变其信仰和生活态度，那么就如同一本摆在书架上的百科全书，无法被定性为一位受过良好教育的人。这其中的深意在于，教育本身代表着一个人能够通过各种途径，拓宽自己的视野，从而实现自我认知的提升。虽然某些人也许在课堂学习或者考试中能够准确无误地回答出关于历史事件的问题，在这层概念下，这些人被视为精通历史知识，但是反观如果这些历史知识从未对他解读周边社会事务的方法产生任何实质性的影响，那么即使他知识丰富，我们仍然只能称其为学者，而不能说他是一位受过良好教育的人。

再者，一个受到良好教育的人，必须坚信并且能够运用各类思维模式或意识形态的内在评价标准。在科学研究过程中，一个人只有在充分理解了如何寻找证据来验证假设，同时明白何谓证据，以及证据间的相关性和兼容性等基础知识之后，才能实质性地领悟科学思维模式的精髓。接着，第四点说到，一位受过完善训练的科学家并非一定是受过良好教育的人。造成上述现象的原因并不是因为他所从事的科研活动没有价值，也并非这位科学家对科学活动原理毫无了解，相反，问题可能出自于他自身缺乏一种更为深远的认知视角，换句话说，他可能会带着十分有限的视野去看待他正在从事的工作，以至于他并未发掘到他所从事的科研活动和众多其他活动之间存在紧密的结合关系，以及这一活动在他人生整体规划中的关键角色。

透过对受过良好教育者特性的深入剖析，我们不难得出这样一条重要结论：一个称得上真正具备教育素养的个体必定能够灵活运用其在学习过程中所掌握的各种知识与技能，从而将这些所得融入自身独特的思考模式及解决实际问题的能力当中。身为数学学科教育工作者，从以上讨论中受益良多：我们深知，唯有那些具备优秀数学素质的人才可能拥有丰富而深厚的数学知识储备，并且能够通过持续地运用实践来让这些理论知识焕发出勃勃生机。更为关键的是，他们还需在实践中不断完善自身的思维品质和解决问题的方法，力争做到日益精进、不断超越。

3. 数学素质与数学课程标准

普遍认为，无论在数学教育领域的课程准则抑或是作业指导纲要方面，我们都无法忽视一个事实：数学乃是人类文明发展过程中所不可或缺的组成元素之一，而与此同时，数学素质亦被视作现代社会每个公民所必须具备的关键素养之一。因此，任何关于数学教育的探讨和规划都应以深厚的文化底蕴为根基，这便意味着，数学素质的培养和提升首先依赖于理解并认知到数学其实是一种独特且独立的文化现象。为此，深入剖析大众对于数学文化的认同情况无疑会对构建具有针对性且高效实用的数学素质分析框架起到极大的推动作用。

我国著名数学专家徐利治教授的观点颇具代表性和影响力："在审视数学文化的视角下，我们可以发现一个显著的现实就是，虽然大多数的学生在未来可能不会直接运用到那些深奥复杂的数学知识，但数学思维方式却具有极其广博且普遍的应用领域。譬如，这些思维方式不仅能在数学领域中发挥巨大作用，还能够在更深层次上对人类文明发展的各种细节作出贡献，这实际上也体现了数学作为一种文化功能的重要性。"

我国著名的数学文化研究领域的专家顾沛教授持有明确的见解，他认为："数学文化最主要任务在于教授及传授数学的思想、数学精神以及数学的实用方法。然而，面对当前繁杂的社会环境，许多学校出于各种原因，如压抑的应试压力等，使得我们经常看到的数学课程通常只重视结论的获得，而轻视证明过程的深度挖掘；过分重视数值计算，却忽视了逻辑推理的重要性；过于看重所学知识的记忆，而往往忽视了学科思想的深入理解。

为了应对各类考试，学生们常常是采取‘类型题’的方法进行学习与复习。尽管广大的大学生从小到大经过了数年的数学教育，但是大部分人对于数学的基本思想及其精神仍然存在着极为肤浅的理解，在数学的整体规划和全面掌握上表现欠佳，整体的数学素质并不高。一些学生还存在误解，他们错误地将数学学习视为只会做题、能够顺利应付考试，根本无法体会到数学解题方式中理性思考的巨大价值。同时，他们也没有深刻理解数学在日常生产、生活中的重要应用，以及数学文化与其他众多文化之间的交流互动。”他还进一步指出：“数学素养，是指通过数学教学赋予学生的一种学习数学、运用数学及创新数学的修养和品质，也可称之为数学素质。该概念涵盖了如下五个方面的内容，即主动探索并善于捕捉数学问题背后深层次的东西，包括其背景和本质；具备熟练使用精确、严谨且简洁明快的数学语言来表达自己数学观点的能力；拥有科学的人生观和奋发向上的创新精神，能够以理性的方式提出数学猜想，以及创立新的数学观念；在得出猜想之后，能用数学的理性思维，从多个角度出发寻找解决问题的不同途径；最后，还要有灵活的思维能力，善于将现实世界中的现象和过程进行适当的简化和量化，从而构建相应的数学模型。

在张顺燕教授所著的《数学教育与数学文化》一书中，他深刻阐述道：“数学，这并不仅仅是一种有用的工具，更是作为一个合格人格之人必备且基础的素养之一。它对个体的言谈举止、思维模式等各个维度都会产生深远影响。对于那些并非将数学视为自己终身事业的人来说，他们的数学能力也并不仅局限于能够解答多么复杂或困难的问题，解题速度快慢与否，或者在考试中所获得的分数高低，关键之处在于他们是否已经真正领悟到数学所蕴含的深奥思想，以及内含的精神要素，并成功地将这些优秀思想融入到自身的日常生活和行为作风之中去。”从更为广泛而深入的文化层面来看，数学素养应当包括但不限于如下几个要素：数学知识积累、数学操作技能的掌握、数学思想方法的理解与运用，以及数学思维能力和精神品质的培养与提升。

4. 科学素质构成和科学素质现状的启示

数学素养乃是人类普遍具备的一种重要素养之一，它与科学素质相互依存，并且科学素质的广度与深度亦深深影响着数学素养。因此，深入研究科学素质的构成元素对理解和研究数学素质弥足珍贵。

国务院于近期发布了《全民科学素质行动计划纲要》（下文简称《科学素质纲要》），明确表示：科学素质是公民素质的重要组成部分。公民若能了解和掌握基础性的科学技术常识，熟练运用科学思维方式，虔信科学主义精神，并且具备一定程度上的运用相关知识解决现实问题，以及积极参与社会公共事务的运作技能，就可以算作基本具备了科学素质。这一表述为我们勾勒出了科学素质的一般性定义。据相关调查数据显示，中国公民的科学素质水平与欧美等发达国家相比还存在较大差距。在地域分布上，城市居民与农村居民在科学素质方面的差异非常显著，尤其是适合劳动的年龄段人群，他们的科学素质显得更为薄弱。大部分民众对基础科学知识的理解程度相对较低，而在科学精神、科学思想与科学方法等方面更是存在严重不足。

针对我国民众科学素养现状的深入调查结果揭示出：绝大多数国内公众尚未达到具备基本科学精神与科学意识所必需的深度与广度。换言之，我国大部分社会群众仍无法准确区分科学言论与非科学言论，尚未养成良好的科学思维模式，也尚未形成利用科学研究手段进行问题分析与解决的能力。在充斥着海量信息的消费主义社会环境下，他们仍然缺乏识别真假科学讯息的技能。对于时刻影响他们日常生活和职业发展的各类因素，尚无能力运用科学的思维模式去解读并提出相应解决方案。现阶段，他们还远远未能成为推动科学政策决策制定的有力支持者以及决策过程中的重要影响力。

为了提升大众的科学素质，我们需要借助“科学普及”这一途径。从层次上看，“科学普及”可被划分为深入浅出的三个阶段。最基础一层是普及相关科技知识，涵盖实用技术、新兴技术及尖端技术等诸多方面。更为深入的一环则是普及科学理论与技能，囊括科学知识、科学研究方法等等。如果说普及科技知识能够增强人们改造世界的能力，进而提升生活品质，那么推广科学教育的目的主要在于提升大众认识世界的广阔视角。最后一个层次即核心环节，旨在传播科学思想理念、科学价值观念以及科学精神。何谓科学思想？其核心要素则在于规律意识以及理性精神。而科学精神在具体实践中表现出来的就是不断追求真理的探索精神、严谨求是的实证精神、充满智慧的原理精神、锐意进取的创新精神以及独立自主的批判性思维——这些都是让我们对科学持有坚定信念的重要心理支柱。

同时我们也理解到，对于前两个层次的科技普及工作无法做到全面推广，实际上，它们并非必须要进行广泛的启蒙教育。关于能否全面地提升全国民众对种子技术与芯片技术的了解程度，是否有必要让全体国民都掌握这些核心技术呢？事实上，真正需要向全民科普宣传的应当是属于第三个层面的那部分内容。然而在过去的若干年里，为了我们的生存所需，我们往往倾向于接纳那些易于理解和掌握的表层科技成果，然而却时常模糊了我们的视线，譬如被忽视的科学探索和研究的本质，以及科学思维、科学观念和科学精神传播的重要性。对于一个国家或民族而言，科学思想无疑是最为关键且至关重要的元素。它就像是一座指引着人类心灵前行的灯塔，照耀着我们通往未来的道路。

经过充分的分析和探讨，我们得出结论，科学素质主要由以下五个方面组成：即科学知识、科学方法、科学思想、科学精神及科学应用能力。根据现有的科普研究现状，我们更应关注并深入探讨其中的科学方法、科学思想和科学精神这几个构成要素。

（二）数学素质的5个要素

从信息社会对数学素质的需求特征，以及我国颁布的科学素质框架、数学课程标准以及国内外对数学素质分析框架的分析，可以发现数学素质由5个要素构成。

1. 数学知识素质

任何素养的培育都与知识密不可分，同样地，数学素质的塑造也无法脱离数学知识的支撑。数学知识素养乃是数学活动中的核心精神品质，而数学素质也唯有在吸取和运用数学知识的实践过程中得以萌发。缺失了数学知识，那么所谓的数学素质便会如同无源泉之水流、无根本之木头，空洞而缺乏实质内容。国内外有关数学素质研究领域的专家学者们，一直以来都一致认同这样一个观点，即数学素质只能建立在具有扎实渊博的数学知识基础之上，方能逐步拓展并逐渐形成。

2. 数学应用素质

掌握和运用知识素来被视为教育领域最根本也是最核心的追求之一。然而，恰如夸美纽斯所强调的那样：“所有我们教授给学生的课程与知识，都应尽量能够在现实生活中找到实际应用场景或者具备一定参考意义；换言之，我们要让学生明白，他们所学习的东西并非源自某种空想世界，亦非来自理念化的思维范式，而是源于我们周围真实存在的实践，理解其在实际生活中的重要性从而熟练掌握这些应用，将有助于他们的知识和技能得到进一步提升。”以下，杜威对此发表了他的看法：“一个人只有真正理解了数学概念在各种具体问题中所发挥的作用以及数学概念在解决这些问题时所具有的独特效用，才能够被称之为拥有丰富的数学知识和经验的人，否则，若只是了解数学中的定义、法则、公式等基础知识，那就如同只知道一台机器的各个部件名称，却不知晓它们在整部机器运作中的实际作用一样。因此，无论是在前述例子也好，还是在杜威的观点中也好，他们均强调了解知一个元素在整体系统中的显著作用，这才是意义或知识的真正内涵。”

数学应用素质则是指人们在真实情境下运用数学知识和技能解决实际问题的能力水平，它是衡量个体数学素质高低的一项最直观和关键的指标，广泛体现于个体在现实应用环境中对数学的灵活运用之中。

3. 数学思想方法素质

众所周知，数学不仅是一门深奥且广泛应用的学科，同时也是培养思维能力和看待问题的视角的不可或缺的工具。正如世界知名数学家 A. N. Whitehead 所言：“数学知识对于我们的生活方式、日复一日的琐事处理、原生观念甚至整个社会结构等多个方面都会产生深远的影响，这远远超出了早期思想家们的想象，乃至至今，尽管关于数学在思想史上究竟占据何等地位尚存在争议，但人们普遍认为如果在编辑出版思想史时忽视掉每个时期的数学概念，无异于在莎士比亚名剧《哈姆雷特》中删去主角哈姆雷特这一角色。”

我国杰出数学教育家张奠宙先生曾精准地将数学方法划分为四个不同的层次，它们分别是：第一，构成数学体系基础的基本数学思想方法并涵盖其重要发展趋势；其次，与一般的科学研究方法相呼应的数学方法，例如类比联想、系统的分析、归纳与演绎等常见的科研方法；再者，数学学科独具特色的方法，如数学等价原则、数学表达形式、公理化逻辑、关系映射反演、数字几何变换等；最后则是数学领域中的解决问题技巧。由此可见，目前的数学教育强度主要集中在第四层次，而前三层次的教育相对滞后。另一位著名数学教育家史宁中教授在其所著《数学思想概论（第一辑）——数量与数量关系的抽象》中明确指出：“直至如今，数学的发展与进步实际上主要依赖三项基本思想：抽象思维、推理过程及模型构建，尤其以抽象为核心驱动力，正是通过这种高度提炼的思维模式，现实中的各种现象才能得以转化成为数学概念和运算规则，进而借助严谨的推理过程推动数学理论的不断发展，最终通过模型体系实现数学与外部世界的紧密连接。”因此，考察现今的数学教育现状，我们可以清晰地感知到在这三个关键部分的教育相对匮乏，这与我们期望将数学融入实际生活的愿望背道而驰。

数学思想方法素质的展现形式主要体现在主体对数学中内含的科学方法及其特有方法的深入了解和灵活运用，这些方法包括：一般性的科学研究方法，例如演绎法、归纳法、类比法、比较法、观察法、实验法、综合法、分析法等，还有数学独特的方法，诸如转化、数学模型等。

4. 数学的思维素质

对于现代教育家而言，思维素质的培育已然成为了一种广泛共识。举例如美国著名教育家贝斯特所言：“最为真切的教育，实质上可以说是对智慧的精心锻造与磨砺。而作为存在于社会的各类机构，学校始终肩负着一项重要使命——教授某种知识或技能，这个所谓的‘知识’实际上就是思维能力的训练。”另一位英国极具影响力的教育哲学家赫斯特也曾着重指出：“教育的核心宗旨，在于传授给学子们那些有助于构建他们主要思维模式的知识。”而被誉为思维圣哲的杜威则提出：“学习其实就是一个通过思考的过程来习得思维的过程。”他进一步阐述道：“教育在个人理智层面的任务正是帮助学生养成清晰、审慎、深入的思维习惯。”因此，塑造学生们的思维能力堪称是教育活动中最具价值的组成部分之一，原因在于思维之力的伟大意义在于：凡具备深刻思维之人，其行动皆源于远见卓识；这种思维可以为他们搭建起有条理的行动框架；它使得我们的行为表现得以拥有深思熟虑和自我觉醒的特质，从而更好地实现未来的志向或是引导我们采取切实可行的手段来达成现阶段看似遥不可及但却至关重要的目标。

关于思维方式的分类方法相较丰富多样：首先，我们可看到每个拥有独特文化背景的民族均具备自身独树一帜的思维模式。譬如，古希腊数学领域及古印度数学领域的众位学者关心的问题及其思考难题的方法之间存在着明显的差异性。其次，各类信仰体系的信徒在考量问题时所采用的方式亦不尽相同。再者，对于投身于不同研究领域与从事不同职业领域的人士而言，他们往往逐渐培养出各自独特且与众不同的思维方式。由于人们经常以特定的视角对待世界，并且纠结于特定的思维模型框架之中，所以就导致了思维方式的多样性，特别是在不同的学科领域，相应地滋生出了各具特色的学科思维素养。对数学的思维素养的重视最早可追溯至古代希腊时期。哲学家柏拉图曾指出：“算术在我们心中确实扮演着重要的角色，这是因为它能够明显地促使我们的精神散发纯净的智慧，以抵达真理的殿堂。”同时，著名罗马学者昆体良也认为几何学具有极高的教学价值，因为广大民众普遍认同几何学能够塑造孩童的智力，提升他们的才华，并让他们的理解能力焕发出新的光芒。美籍匈牙利的杰出数学教育家波利亚在解答问题的过程中，强调了一个关键点——“学会解决问题是很重要的”，并进一步布道：“通过教授学生思考”。他在此基础上指出，这里的“思考”包含了两个层面：其一是“有目标的思考”、“创新性的思考”，亦即“靠近‘解决问题’”；其二则既涵盖设有规范标准的“形式化”思维，还包括面向广泛的“非形式化”思维，即“教导学生不仅会验证问题，更要懂得提出问题的可能性”。他更进一步阐释说，“教授思考”意味着老师不仅需要教授学生知识，还应致力于激发和培养学生运用所学到的知识来解决各种实际问题的能力。据历史记载，知名数学教育专家张奠宙教授曾经深入探讨过：“引入数学的立场、观念、态度以及解决问题的方法，以此来应对成年人的生活、经济管理以及科技发展中所面临的理论与实践问题，或许正是数学素养中最为核心的一部分。”1989 年，美国数学科学教育委员会以及美国数学科学委员会向当时的美国政府递交了一份名为《人人关注》的报告，这份报告主张：“从未像今日这般，美国人民需将数学视为生存之必需，从未象如今这般，他们需要用数学的思绪去看待问题；每一个人都依赖于数学教育的成功，每一个人也都受到这种成功与否的直接影响；数学理当成为美国数学教育的推动力，而绝非仅仅是处理事务的工具。”

瓦尔特・韦尔在他的着作《数学的思维方式》一文中明确指出：“数学的思维方式包括两方面：第一，数学的应用范围极广，涉及到科学理论如物理学、化学、生物学乃至经济学的研究；另外，还能广泛渗透到人们日常生活的各方面认知行为之中。第二，则是数学家在自己的学术领域内所运用的独特推理方法。”例如，知名的问题解决研究权威人士之一的舍费尔德教授曾说道：“当提及问题解决的议题时，我现在回顾起 1985 年我出版的那本书，尽管使用了‘数学解题’这个名称，然而我现在深感应该重新审视名字的选择是否妥当。我初期的理念过于狭窄，仅仅关注的是问题解决的过程。但实际上，我更想教给我的学生的是如何掌握数学的思考办法。毫无疑问，问题解决的确是数学思维的重要组成部分，但并非涵盖所有方向。根据我个人的理解，数学式的思维可以简要归纳为三点：①用准数学家的目光去看世界，即拥有一种倾向于数学化的观念：创制模型、符号化表达以及抽象概念的提炼都属于这种思维的体现。②拥有熟练应用数学化办法的能力。”因此，数学的思维素质可以理解为在实际情景中，学生能够以数学的视角去理解和深入把握所面对的问题情境，并进行有效的整理从而找出其中规律的过程。也被称之为数学化，即用数学的原理来指导如何组织和处理现实生活中各种现象。在这里，必须强调，数学的思维与数学思维并不是同一概念。数学思维是专用于数学活动的，其核心是解决数学问题，即通过提出问题，深入分析，找到解决方案，应用并拓展，最终获取关于数学对象（如空间形式、数量关系及结构模式）的本质以及规律性的认识。

5. 数学精神素质

雅思贝尔斯明确指出：“教育过程的开端及其首要任务便是精神领域的成长发展，之后才是科学知识获取过程的一环。”这一观点意味着，在数学教育中，数学精神素养的孕育与培养无疑是数学素质所达到的最高境界。然而遗憾的是，对于数学精神实质的理解与培养一直未能得到足够的关注，这也是当前我国的数学教育存在的重大问题之一。具体来说，我们的绝大多数数学教师并不完全了解何为数学精神，更不用说如何运用数学精神塑造学生高尚的人格品行。因此，许多学生虽然能够掌握各类数学运算技能，应对各种标准化测试，但同时也表现出了理性精神的缺失；即使表面上尊敬书本、尊敬老师、尊敬上级领导，也仍然无法掩盖其缺失探究真相及进行创新思维的精神特质。而如果再进一步观察这些在数学工具论主导下的教学模式带来的教育成果，我们不禁发现它不仅削弱了学生综合能力素质，还对其专业学术领域产生了不良影响。

美国著名的应用数学学家乔治·克莱因在其著作《西方文化中的数学》中明确指出，“在最为宽泛的定义范围内，数学不仅是一项学术研究领域，更是一种深沉且富有理性的精神力量。正是基于这样的精神底蕴，才使得人类的思维能力能够得到最高效的激活、推动、升华以及驱动，同时也正是因为这股精神力量，力求更为深远地对人类的物质文明、道德伦理以及社会生活产生决定性的影响。此外，数学还尝试以尽可能全面的视角，为人类自身生存所引发的各类问题寻找答案，并努力去深入探索和发掘已有的知识体系中最为深刻且完美无缺的内在含义。”数学精神包含了一般性质的科学精神，人文精神以及数学独特的精神特质。通常将自近代以来逐步积累和沉淀而成的，独特的意识理念、气质风范、品格标准、规范纪律以及传统习惯，统称为科学精神。科学精神在不同的观察角度呈现出不同的界定层次。总体来说，科学整体可分为科学知识架构、科学研究实践、科学社会制度以及科学精神四大层级。科学精神通过前三者映射而出，显现出哲学与文化韵味，乃至于成为科学研究的灵魂之所在。科学精神渗透于科学理论、科学方法和科学的精神气质之中。科学精神的气质要素主要涵盖了普遍性、公共性、无私利性、创造性以及有条不紊的怀疑精神。科学精神的具体表现形式主要体现在以下几个方面：①寻求真理的精神。②重视实证的精神。③倡导怀疑和批判的精神。④倡导创新的精神。⑤尊重宽容的精神。⑥体现社会责任的精神。人文主义精神，即以人为本，以人为主导的精神信仰，其核心在于揭示人类生存的意义价值，彰显人性的尊严至上，追求人类的全面发展和自由解放。在数学教育的过程中，科学的人文主义精神则主要强调谨慎、纯朴，理智、自我约束，忠诚、实事求是，勤勉、自强不息，拓荒、锐意进取，宽容、谦虚低调等人格品质。事实上，科学精神和人文精神并非水火不容的两个领域，反而需要相互融合、相辅相成，以实现其进步和进化。而这类精神特质又可以在数学学科的内部找到相应的立足之处，例如，有些学者就曾指出：数学精神乃是人类在历尽几千年的数学探险实践中所累积的宝贵精神产物。这种精神寄寓于数学历史、数学哲学以及数学实体之中，包含了诸多丰富的内涵。具体说来，所谓的数学精神，这实际上是指人们在各种数学活动中所培养起的价值观观念以及行为规范。数学精神的内涵极其丰富多彩，其中核心部分包括数学理性精神、数学求真的精神、数学创新的精神、数学协同作业与独立思考的精神等等。其次，特质属于数学独特的精神。日本数学家三国藏米也曾言道："作为一整套精神体系，贯穿在整个数学当中的元素囊括了解决实际问题的数学精神；将数学活动推向扩大化和一般化的精神；使整个数学的架构更加规范化、系统化的精神；以及弥漫在整个数学研究的精神，全力以赴地进行发明和发现的精神；构建统一性的精神；追求严密性的精神；以及崇尚逻辑思考的精神。"数学精神素质，是指学生在面对实际环境时展现出从数学视角中寻求真相、质疑真理、追求美好以及创新精神等特点。须知，科学精神并不存在任何让人感到神秘莫测的成分。每逢我们在日常生活中保持冷静、理智，逐一审视和分析出现的问题，并以此作为决策依据时，我们其实已间接具备了某种程度的科学精神。简言之，科学精神即是客观的态度，条理分明的方法。

以上内容清晰地阐述了数学素质五大层次要素间的有机互动关系：数学知识素质乃是数学素养的本体内核，而数学的应用素质、数学思想和方法素质、数学的思考素养以及数学神秘的精神素质，皆是在数学知识素质的坚实基石之上得以进一步延展塑造而出。至于数学的应用素质与众多如数学思想方法素质、数学的思索素质及数学精神素质等的关系，他们的联系纽带正是通过对数学领域的广泛精确运用这一形式展开的。究其原因在于：只有当数学素质在具体现实情境中真正得到实践检验时，我们才能从根本上洞察到个体数学素质各个方面的丰富内涵。因此，对于个体数学素质多个侧面的解读，我们唯有透过个体应对真实情境下难题之策略以及其在数学实际应用过程中的出色表现，才能获得准确的判断结果。

第二节　数学素质的生成

皮亚杰在《发生认识论原理》中指出："新结构——新结构的连续加工制成是在发生过程和历史过程中被揭示出来的——既不是预先形成于可能性的理念王国中，也不是预先形成于客体之中，又不是预先形成于主体之中。"数学素质同样不是学生先验理念的存在，而是在数学活动中产生的，不是仅仅授受的，而是在数学教学中逐渐地自然生成的。所以，对数学素质的生成机制的分析是极为重要的。

一、数学素质生成的特征

从动态的生成角度看数学素质的生成具有过程性、超越性和主体性特征。

（一）数学素质生成的过程性

生成性思维表明，生成是一个过程，是一个从无到有的过程。数学素质的生成同样是一个过程，是主体在已有数学活动经验的基础上，在数学活动中，经历、体验、感悟和反思数学应用、数学思想方法、数学的思维以及数学精神，形成一种综合性特征，并将这种结果在真实情境中表现出来。所以，数学素质有“生”和“成”两个过程，生的阶段主要是学生的学习阶段，关键在于学生主动、积极地参与数学学习的过程，在数学学习中逐渐形成对数学本质的科学认识、掌握数学知识和数学思想方法，养成数学的思维习惯以及数学的精神。这个过程依赖主体对数学过程的体验、感悟、反思，是一个主体积极主动的过程。而在数学素质的“成”的阶段中，需要主体把已有数学素质的“生”的结果表现在自身的活动行为中，主体在真实世界中，能够有数学精神，用数学的思维或眼光审视现实世界，选取数学的思想方法来分析主体面临的实际问题，积极应用相关数学知识与技能来解决问题，并以数学精神来审视问题解决的结果是否适合现实问题情境。从主体的活动的角度看，数学素质的生成的过程是主体体验、感悟、反思和表现的过程。从内容看，是主体把数学活动的结果（包括知识和经验以及主体对数学的体验、感悟和反思的结果）转化为真实情境中的表现过程。

（二）数学素质生成的超越性

数学素质源于数学活动经验，但是不同于数学经验，数学素质一旦形成，它将超越数学经验以及数学知识和技能的学习范围。正如著名数学家徐利治教授等指出的：“较高的数学素质与所谓的‘数盲’直接对立，而这不仅是指掌握了一定的数学知识和技能，更是指具有数学地思维的习惯和能力，即数学地观察世界、处理解决问题。”

数学素质的超越性就是超越数学素质的原有水平而不断达到更高的层次。具体来说，主体在学习数学知识的基础上，通过现实情境获得数学应用素质的提升，数学思想方法的掌握以及数学的思维习惯养成，最终形成数学精神。而数学精神的张扬使得主体能够从数学的角度质疑、求真、求美、求善，并从数学的角度思考，决定使用数学思想方法。这个过程中，数学素质的构成要素不断转换，必将超越原有的数学素质。数学素质的超越性决定了数学教学中数学素质生成的可能性。

（三）数学素质生成的主体性

所谓主体性就是作为现实活动的主体的人为达到为我的目的而在对象性活动中表现出来的把握、改造、规范、支配客体和表现自身的能动性。从数学本身来看，由于数学是从人的需要中产生的，数学是一种人类活动，因此作为认识成果的数学就不可避免地体现出认识主体的主体性，留有认识主体的思想痕迹。数学素质的生成离不开人，与数学知识的客观性相比较，数学素质更具有主体性，包含了个体的数学经验、数学活动、对数学的领悟与反思等。数学素质的生成由于影响学生的问题解决因素和问题情境因素具有多样性特点，使得学生个体在问题解决中，必然会充盈着具有个体数学的倾向性和数学的行为模式，所以，数学素质必然具有主体性特征。皮亚杰指出“整个认识关系的建立，既不是外物的简单摹本，也不是主体内部预先存在的独立显现，而是包括主体与外部世界在连续不断的相互作用中逐渐建立起来的一个结构集合。”数学素质在生成中需要发挥主体的主动性、积极性和自主性。

二、数学素质的生成机制

“机制”一词来源于古希腊语“mechane”，意指机器的构造和动作原理。《现代汉语词典》中对机制的解释是：“①机器的构造和工作原理，如计算机的机制；②有机体的构造、功能和相互关系，如动脉硬化的机制；③指某些自然现象的物理、化学规律，如优选法中优化对象的机制，也叫机理；④泛指一个工作系统的组织部分或者部分之间相互作用的过程和方式，如市场机制。”可见，机制一词引入不同的学科就有不同的含义，但其基本的含义是事物的组成部分、组成部分的关系以及这些组成部分之间的相互作用的运作关系、方式、过程以及结果。所以，对于数学素质的生成机制应该系统分析其生成过程，这个过程由哪些因素组成，这些过程是怎样联系的以及最终是怎样形成的。

系统论也告诉我们，要了解一个系统，首先要进行系统分析。一是弄清系统是由哪些组成部分构成的；二要确定系统中的元素或成分是按照什么样的方式联系起来形成一个统一的整体的；三要进行环境分析，明确系统所处的环境和功能对象，系统和环境如何互相影响、环境的特点和变化趋势。所以，系统地分析数学素质的生成机制有助于揭示数学素质的生成过程，为数学素质生成的教学研究奠定理论基础。

下面主要从数学素质的生成基础、生成条件、生成环节、生成标志等角度对数学素质的生成机制进行系统分析。

（一）数学素质生成的基础和源泉：主体已有的数学经验

生成学习理论表明：人们在构建对所知觉信息的意义时，总是涉及其原有认知结构，就是学习者将原有认知结构与从环境中接受的信息或新知识相结合，主动地选择信息并积极地构建信息意义的过程，并把学生的前概念、知识和观念作为生成学习理论的四大因素之一。洛克认为："我们的全部知识是建立在经验上面的；知识归根到底都是导源于经验的。"杜威认为："学校教育在教学中能通过符号的媒介完全地传达事物和观念以前，必须提供许多真正的情境，个人参与这个情境，领会材料的意义和材料所传达的问题。从学生的观点看，所取得的经验本身是有价值的，从教师的观点看，这些经验是提供了解利用符号的教学所需要的教材的手段，又是唤起对用符号传达的材料的虚心态度的手段。"可以看出，经验是一切学习活动的基础。经验通常指感觉经验，即人们在同客观事物接触的过程中，通过感觉器官获得的关于客观事物现象和外部联系的认识，有时也泛指人们在实践中获得的知识。实际上，在数学教育中，原有的认知结构和学生的前概念、知识和观念就是主体已有的数学经验。

什么是数学经验呢？在哲学上，数学经验可划分为三种类型：①直接来自于现实问题的数学经验，即在数学理论出现之前和应用于现实之后，人们对其现实原型的性质进行分析探索，从研究现实的量的关系中积累的经验。②间接来自现实问题的经验，即在对数学自身问题的认识过程中积累起来的，具有一定抽象性质的、从研究作为思想事物的量的关系中获得的经验，有些数学家称之为拟经验或理性经验。③在数学学习过程中积累起来的经验。获得这种经验的过程，实质上重演了前人研究数学时积累经验的过程。当然学习中的经验更精炼、更系统、更易于接受，但在启发性方面，往往不如历史上的经验那样深刻。

在数学教育中，数学经验是指主体所经历的一切与数学有关的活动经验以及所形成的个人信念，体现为这样几个方面。

1. 在没有学习数学之前已经形成的经验

最初的数学概念都带有很明显的人类经验的痕迹。在教育中，在学习者尚未接触某一数学概念之前，他的生活中已经有了某一数学概念，并且学习者已经形成这种习惯。或者说学习者对原有数学概念是建立在自己的生活经验基础之上的。学习者被看做是由目标指引积极搜寻信息的施动者，他们带着丰富的先前知识、技能、信仰和概念进入正规教育，而这些已有知识极大地影响着他们对环境内容以及环境组织和理解方式的理解。因此，教师需要注意学习者原有的不完整理解、错误观念和对概念的天真解释对所学科目的影响。

2. 学习数学的过程中形成的经验

在数学学习中，主体在数学教师的引领下就会逐渐形成数学的活动经验。这种数学经验因数学教师教学和学生学习方式的差异而不同。如果数学教师在数学教学中过分强调公式和定理的记忆，学生所形成的数学学习经验就是死记硬背公式。如果数学教师在数学教学中强调数学的质疑、猜想、发现、证明，学生就会体验到数学质疑、猜想、发现、证明，从而形成与之对应的数学经验。

3. 学习数学之后形成的经验

在数学学习之后形成的数学经验包括数学知识与技能、数学活动经验、数学观念以及数学的思维习惯等。此时，个体的数学经验已经具有综合性、外显性、个体性等特点。这些经验为数学素质的生成提供独特的个人框架，形成了组织和吸收新知识的概念关系项，把新知识与已有概念整合起来生成数学素质。因为“人人都体会得到，对于那些曾经寄托了自己情感、意念的习得经验，是最刻骨铭心的，常常是终生难忘的，因为，那是最可能融于自身的，或者说它真正成为素质了。也就是说，这种习得经验对素质发展有最实在、最深刻的影响。”所以，主体已有的数学经验是数学素质生成的基础和来源。这也表明数学素质的生成离不开主体已有的数学经验，而且数学经验也是数学素质的重要组成部分。数学素质的生成中，尊重和充分挖掘学生的数学经验成为数学素质生成的先决条件。

（二）数学素质生成的外部环境：真实情境

教育现象学表明，教育是教学、培育的活动，或者从更广泛的意义上讲，是与孩子相处的活动，这就要求在具体的情境中不断进行实践活动。教育学存在于极其具体的、真实的生活情境中。从系统的角度看，任何系统都是在一定的环境中产生出来的，又在一定的环境中运行、延续、演化，不存在没有环境的系统。数学素质生成需要一定的环境，数学素质生成的环境决定了数学素质的生与成。

数学素质的生成是在数学活动中产生，指向在真实情境中对数学知识与技能的运用并逐步形成数学思想方法以及数学的思维和数学精神素质。因为，如果思维不同实际的情境发生关系，如果不是合乎逻辑地从这些情境产生进而求得有结果的思想，我们永远不会搞发明、作计划，或者，永远不会知道如何解决困难和作出判断。所以，真实情境既是数学素质生成的环境，又是数学素质表现的载体。

数学素质生成的环境不仅仅是对于一个问题的解答，更为主要的是主体在一个真实情境中，从数学的角度理解情境、把握情境，在合理理解情境中展示自己的数学素质。

（三）数学素质生成的载体：数学活动

无论是知识的获取还是知识意义的建构，都与主体所从事的学习知识的活动有关，数学素质的生成依赖于主体所从事的数学活动。较早对数学活动的阐述是在前苏联数学教育学家斯托里亚尔的《数学教育学》中。斯托里亚尔认为："从对数学教学中积极性的狭义理解出发，我们把数学教学的积极性概念作为具有一定结构的思维活动的形成和发展来理解，这种思维活动叫做数学活动。"到底什么是数学教学的积极性概念呢？他首先指出："在教学过程中，学生的积极性是掌握知识的自觉性的前提。如果缺乏积极的思维活动，就不能自觉地掌握知识。数学教育学不能建立成听任学生在积极的思维活动和单纯的死记硬背之间进行自由选择的两头，它应当建立成以全体学生的积极思维活动为基础的积极的数学教学。"在数学教学中有两种积极性：广义和狭义。"在数学教学中的广义积极性，与学生在其他学科教学过程中的积极性没有本质的区别。它是一般的积极思维活动。狭义积极性是带有数学特点的，因而叫做数学活动的一种特殊积极性，是具有一定结构的思维活动。"把数学活动分为三个阶段：①借助观察、试验、归纳、类比和概括，积累事实材料（可称之为经验材料的数学描述，也可称之为具体情况的数学化）；②从积累的事实材料中抽象出原始概念和公理体系，并在这些概念和体系的基础上演绎地建立理论（可称之为数学材料的逻辑组织化）；③应用理论形成模型（也指数学理论的应用）。因而，数学活动可看做是按照下列模式进行的思维活动：①经验材料的数学组织化；②数学材料（第一阶段活动的结果中积累的）的逻辑组织化；③数学理论（第二阶段的结果中建立的）的应用。因此，数学活动是再发现或有意义地接受数学真理，是逻辑地组织用数学经验方法得到的数学材料，并在各种具体问题上应用理论并发展理论的过程。

数学活动是主体积极主动地学习数学，探索、理解、掌握和运用数学知识与技能，形成数学能力，经历数学化过程的数学认知活动。与一般活动不同的是，学生能在数学活动中经历“数学化”过程。这里的学习是以数学思维为核心，包括理解、体验、感悟、反思、交往、表现和实践等多种方式，是数学认知结构的形成发展过程，其实质是数学思维活动。阿兰·施恩菲尔德认为，如果我们相信做数学是一种获得意义的过程；如果我们相信数学是一种动手的、经验的活动；如果我们相信数学是一种集体活动，需要合作解决一些问题，给出一些现象的尝试解释，并回头对这些解释进行加工；如果我们相信数学学习是很有用的，而且数学地思维是很有价值的，那么课堂教学就必须反映这些信念。因此我们必须创设一种学习环境，在这种环境中，学生能够积极地去体验数学。以上表明，数学活动是数学素质生成的主要载体，只有在数学活动中，主体才有机会体验数学、感悟数学和反思数学，并在具有应用数学的真实情境中，通过主体的数学活动使主体的数学素质表现出来。可以说，没有数学活动，数学素质就是空中楼阁。

（四）数学素质生成的环节：体验、感悟、反思和表现

现象教育学把知识理解为一种动态过程，认为要通过体验和理解、能动地建构才能形成知识。儿童要在个人经验的基础上发展生成问题的能力，建立自己的判断，学会批判、理性地思考。教育的首要问题应该是儿童的经历和体验是什么样子。生成学习理论认为，学习是一个主动的过程，学习者是学习的主动参与者，大脑并不是被动地学习和记录输入信息，而是有选择地去注意所面对的大量的信息或者有选择地忽视某些信息，并主动构建输入信息的解释和意义，从中作出推论。从心理学的角度看：“生命系统不是被动接受信息，而是主动筛选，脑内有些结构可以抑制外周信息，使之中断不再上行传递。例如，脑的边缘系统有些结构是听觉意识的闸门，使无意义的听觉信息不进入听觉高级中枢，形成听而不见的情况，同样也有视而不见的情况，总之，边缘系统是控制外界无关信息进入意识的重要结构。脑的智力活动是洞察外来信息的过程，包括学习（选择有意义的信息）、记忆（有用信息的积累与贮存）以及经过思维活动（形成概念、推理、判断等等）再产生新的行为反应。”而且，数学素质的个体性和数学素质生成的主体性表明，数学素质的生成离不开主体的数学活动参与，这些参与表现为主体在数学活动中的体验、感悟、反思和在真实情境中的表现，是数学素质生成的关键环节。

1. 体验

体验是指参与特定的数学活动，主动认识或验证对象的特征，获得经验。实际上，体

验一词，在不同的学科中有不同的含义。在哲学中，特别是生命哲学中，体验是指生命存在的一种方式，它不是外在的、形式性的东西，它是指一种内在的、独有的、发自内心的和生命生存相联系着的行为，是对生命、对人生、对生活的感触和体悟。在心理学中，是指一种由诸多心理因素共同参与的心理活动。体验这种心理活动是与主体的情感、态度、想象、直觉、理解、感悟等心理功能密切结合在一起的。在体验中，主体不只是去认知、理解事物，还通过发现事物与自我的关联而产生情感反应和态度、价值观的变化。

学生在数学学习过程中，通过对数学本质属性的认识，亲身感受数学的抽象性、数学的广泛应用性。这里强调的是学生在学习过程中的主动体验，强调学生的亲身体验，强调学生的亲历性。荷兰著名的数学教育家弗莱登塔尔指出，“如果不让他经受足够的亲身体验而强迫他转入下一个层次，那是无用的，只有亲身的感受与经历，才是再创造的动力”。

张楚廷教授对体验和素质的观点有：“①体验是在与一定经验的关联中发生的情感融入与态度生成，它是包括认知在内的多种心理活动的综合。②体验的价值在于使人在必然的行动中超越行动，在不可缺少的物质基础上达到精神，在永远存在变化之中感悟到永久。体验产生的不只是观念、原理，也产生情感、态度与信仰。③一个人良好的素质是一种内在之物，它的形成有一个内化的过程，既有认知心理也有非认知心理在起作用，必须经过体验才能达到人的心灵最深处，经过体验才真正谈得上素质。④教学过程不仅仅是一个特殊的认识过程，而且是一个特殊的认知、感受和体验的过程，教学不仅要使学生认识到，而且要让学生感受到、体验到。⑤学校和教育者的责任不仅在深入认识到体验的作用，而且在于创造良好的条件，以便于学生体验，便于他们的体验朝着积极的方面发展。”

数学体验的生成决定其他数学学习的发生和保持。主体在数学学习活动中的良好体验是数学素质生成的起始环节。在数学活动中的体验有：①数学地发现和数学发现的体验。数学地发现是指学生在现实情境中，寻找数学化的关系，自我地提出数学问题或者理解现实情境。在这个过程中要体验数学与现实生活的紧密联系，体验数学在现实生活中的广泛应用性，体验“数学地思维”。数学发现通常就是我们所说的“再创造”，是已有数学知识的发现过程。这个过程中要体验数学家工作的过程，以及在数学发现中的一些数学思想方法的作用。②数学思想方法的体验。数学思想方法可以分为两个方面：数学中的科学方法和数学特有的方法。前者是科学研究通用的方法，如归纳、演绎、类比、综合、分析等；而数学特有的方法有公理化方法、数形结合、数学模型等。③数学审美的体验。从数学角度体验简洁美、和谐美、奇异美等。④数学精神的体验。从数学的角度质疑、求真、求美、创新等。

2. 感悟

感悟就是有所感触而领悟或者醒悟，是在认知、理解、体验的基础上的自我觉醒，是一种综合性的生活形式，它包含着认知、理解、体验。从心理学的角度看，感悟既有感性认识的成分，又有理性认识的成分，还有直觉的成分；既有理智的成分，又有情感的成分；既是认识的过程，又是实践的过程。感悟是人的自我意识的内在活动，它从来就不可能被给予。感悟是人的生存的一种境界，只有发挥了主体性的人，才能在处理与自然事物、社会事务的关系过程中有所感悟。没有主体性的人，就不可能有感悟。

数学感悟来自于数学活动中，通过对数学的接触和体验形成对数学活动的认识，不仅包括数学学习的方法、数学知识的应用、数学技巧的掌握、数学活动过程等，还有对数学本质的领悟。在数学学习中，悟很早就被中国古代数学家所提出。刘徽就在《九章算术》中说："徽幼习《九章》，长再详览。观阴阳之割裂，总算术之根源，探赜之暇，遂悟其意。"

由于不同的学习者对数学活动参与不同、体验不同，形成对数学感悟的差异比较明显。但是，必须明确的是数学感悟不是教出来的，是在教师的引导下自然、自发地形成的，是在数学体验的基础上形成的。但是，学生所从事的数学活动对数学感悟的形成极为重要。下面是在"多练"的数学活动中形成的"数学感悟"。

学习数学，感悟最深的便是得多练，不过练的前提是要先掌握好基础知识，这样才能更好地把知识点落实好。多练要有讲究，不要专挑有挑战性的题目练，基础题也应适时多练，这样的好处是：①便于巩固所学知识，使之不易遗忘；②便于由易到难，富有学习逻辑性；③能够熟练地解决考试时的基础题，为考试赢得时间去解决稍难或难的题目打下基础。多练便会碰到许多不懂的问题，这时你不应直接去问老师或同学，而应该把这些问题归类，看它属于哪种类型。如果这样还是思考不出的话再去请教老师或同学，但不用每道题都去问，这样可起到既省时又能总结知识点的作用。多练的过程中一定会出现许多解题错误或方法错误，最好的方法是收入错题集，把错的题目或无从下手的题目中具有代表性的集在一个本子上，并不时地翻开看看，有时也可重新做做这些题目，这样便于巩固一些经典的解题方法，也巩固了许多知识，还起到了强化的功能。解答一个题目，不仅要关注结论，更应关注其解题过程，在碰到一些好的题目、难的题目时，可以写下它的分析过程，这样时间久了，再翻看，便于记忆理解。总之，学习数学，多练是最重要的。

在数学教学中过于强调数学的练习必然导致学生对数学感悟的片面性。如果学习者对数学的感悟只是多练，这将会阻止数学素质的生成，因为数学素质强调在真实情境中学生的数学精神、数学思维、数学思想方法、数学应用和数学知识素质的表现。所以，在数学活动中对数学形成感悟是数学素质形成的必要环节，只有使主体感悟到数学与现实生活的紧密联系，从数学的角度思考现实生活问题的重要性时，主体才可能会在现实或者真实情境中应用数学知识与技能，并从不同层面促进数学素质的生成。

3. 反思

反思也称为反省。指反映、返回、沉思等。西方哲学中通常指精神（思想）的自我活动和内省方式。洛克认为反思（反省）用以指知识的两个来源之一。反省是心灵以自身的活动作为对象，进行反观自照，是通过感觉形成的内部经验的心理活动。黑格尔认为反思具有多种用法与含义：①反思与知性思维相同。知性是用有限的抽象思维形式把握真理，由此造成自相矛盾，不能把握活生生的事实。而反思的范畴是各个独立有效，可以离开对方而孤立地理解的，与反思同义。②反思与后思相同。他明确地说：“后思也即反思。”“只有在哲学的反思里，才将‘我’当做一个考察的对象。”这里的反思实指后思。③指处于知性和消极理性之间的阶段。反思是知性思维通向理性思维的桥梁。④反思与异化也有联系。反思指思维主体将它自己异化为自己的对象，并从异化中返回到自身。马克思主义在唯物主义立场上借用这一术语，用以指人们在实践活动的基础上对获得的感性材料进行思想加工，使之上升到理性认识的过程。对事物的反思，就是对事物的思考。恩格斯在批判形而上学时指出：“这些对立和区别，虽然存在于自然界中，可是只具有相对意义，相反地，它们那些想象的固定性和绝对意义，只不过是由我们的反思带进自然界的。”反思还表现在思考自己的思想、自己的心理感受、描述和理解自己体验过的东西，即自我意识。

在教育学中，杜威认为：“没有某种思维的因素便不可能产生有意义的经验。极力倡导‘反省思维’，这种思维乃是对某个问题进行反复的、严肃的、持续不断的深思。”反省思维包括五个要素、步骤或阶段：第一，问题的感觉——在一个真实的经验的情境中，令人不安和困惑的问题阻止了连续的活动；第二，问题的界定——是感觉到的（直接经验到的）疑难或困惑理智化，成为有待解决的难题和必须寻求答案的问题；第三，问题解决的假设——占有知识资料，从事必要的观察，以对付疑难问题；第四，对问题及其解决方法的逻辑推理——从理智上对假设进行认真推敲，以检验解决问题的方法的有效性。

数学素质的生成离不开反思，荷兰著名数学教育家弗莱登塔尔指出：“反思是数学思维活动的核心和动力”，“通过反思才能使现实世界数学化”，“只要儿童没能对自己的活动进行反思，他就达不到高一级的层次。”美籍匈牙利数学教育家波利亚也说：“如果没有反思，他们就错过了解题的一次重要而有效益的方面。”我国学者涂荣豹教授提出了反思性数学学习，认为：“反思性数学学习就是通过对数学学习活动过程的反思来进行数学学习。可以帮助学生从例行公事的行为中解放出来，帮助他们学会数学学习，可以使学生的数学学习活动成为有目标、有策略的主动行为，可以使学习成为探究性、研究性的活动，增强学生的能力，提高个人的创造力，可以有利于学生在学习活动中获得个人体验，使他们变得更加成熟，促进他们的全面发展。”

所以，反思不仅仅是一种结果，更为重要的是一种过程。数学素质的生成中，反思是在体验、感悟的基础上对数学活动的思考，是在数学活动中对自己所经历的数学活动过程的反思，反思自己的数学活动、反思自己的数学体验和感悟。即“对自己的思考过程进行反思；对活动所涉及的知识进行反思；对涉及的数学思想方法进行反思，对活动中有联系的问题进行反思；对题意理解过程进行反思；对解题思路、推理进行过程、运算进行过程、语言的表述进行反思；对数学活动的结果进行反思。”

4. 表现

要真正把握一个人的素质，最可靠的办法还是中国的一句老话“听其言，观其行”。所以，一个人的言和行是表现自身素质的重要途径。实际上，表现与内在情感活动有关，表现即内在情感的外部表现。在《现代汉语词典》中，表现有两层含义，一是表示出来，二是故意显示自己（含贬义）。许多“人类行为”都可以称之为一种表现。

在数学学习中，表现是指在对数学的体验、感悟、反思的基础上，在真实的情境中把所体验、感悟和反思的结果表现出来。即“学以致表”，就是要由内而外，将个体内在的良好素质充分地外化出来，让别人（也包括表现者本人）能够清晰、具体地感受到，直观形象地观察到。正如有人指出的，“各种表现行为便是这整体人类实践中的最微妙的成分，因为人类对它们的使用不是随意的，而是根据它们在一个变化无穷的环境（即其他事物和其他人群组成的环境）中的作用和地位被使用着。因此，表现作为手段，既是实践的构成成分，又是实践的丰硕果实，它同人类的知觉能力、思维能力和想象能力一起成熟起来，都是人类无数实践活动在心理结构中的积淀，它的外在表现是本能的、无意识的，但实质上却是实践的智慧结晶。”

表现是数学素质生成的最后环节也是最为关键的环节，数学素质充分表现出来并用于理解现实情境或者解决现实情境中存在的问题。如果表现不出来的就不是数学素质，也就是知识与能力没有转化为素质，也就是通常所说的“有知识，没素质”。实际上，“课程知识不仅仅是用于‘储藏’以备未来之用的，而且也是用来改变学习者的当下的人生状况的。学习了科学知识，就当有科学的生活态度；学了社会知识，就当提高自己的社会交往和实践能力；学习了人文知识，就当对人的存在、价值和意义有新的认识和理解”。也就是说，数学学习的结果就是要使人的思想和行为的表现有所变化，通过其表现来展示自身的数学素质。

数学素质的外显性的特点最终要通过学生在真实情境中的活动来表现。洛克认为：“任何人从事任何事物，都根据某种看法作为行动的理由，不论他运用哪种官能，它所具有的理解力都不断引导他，所有活动能力，不论真伪，都受这种看法的指导，人们的观念、意象才是不断控制他们的无敌的力量，人们普遍地顺从这种力量。”正如有学者描述的：“一个有数学思维修养的人常常表现出如下特点：在讨论问题时，习惯于强调定义(界定概念)，强调问题存在的条件；在观察问题时，习惯于抓其中的（函数）关系，在微观（局部）认识基础上进一步作出多因素的全局性（全空间）考虑；在认识问题时，习惯于将已有的严格的数学概念如对偶、相关、随机、泛函、非线性、周期性、混沌等概念广义化，用于认识现实中的问题。”数学素质是否生成就要看学生在真实情境中的表现，需要学生对数学活动体验、感悟和反思的结果在具有真实情境的问题中表现出来。所以，表现环节决定了数学素质的最终生成。

可以说，体验、感悟、反思和表现构成一个四元素的环形网状关系。其中，数学素质的生成从学生对数学的体验开始，这种体验包括学生的数学活动经验，学生有了体验才可能有感悟、反思和表现的内容；感悟最初来源于学生的数学活动体验，在体验中感悟数学活动，同时，学生在真实情境中的表现也是学生感悟的一个重要方面。反思既有对数学体验的反思，也有对数学感悟的反思，更有对自身在真实情境中的表现的反思。表现是数学素质生成的最终环节，是数学素质超越的起始环节，表现的内容是对数学体验、感悟、反思的结果。表现也是数学体验、感悟和反思的主要内容。通过在真实情境中的表现，学生将会获得在真实情境中数学素质表现的体验并验证自己的感悟和反思，从而更新自己的体验、感悟和反思的结果。基于以上的分析，可以发现体验、感悟、反思和表现是数学素质生成的重要环节。

（五）数学素质生成的标志：个体成为数学文化人

数学素质最终生成体现在个体的身上，使个体成为有教养的数学文化人。所谓有教养的人，即按照一定时代的理想所陶冶的人，在他那里，观念形态、活动、价值、说话方式和能力等构成了一个整体，并成为他的第二天性。所谓文化就是以“文”化“人”。而数学是一种文化，在个体学习的过程中就会发生个体文化内化的现象。所谓个体文化内化是指特定文化圈中的个体，在一定的社会文化教化和熏陶之下，将文化的模式内化为心理过程，形成自己的独特模式，最终成为所属文化圈中的成员的过程。这是一个终身的过程，受特定文化和个体主观条件两方面的影响。从文化同化的角度来看，某种文化的个体或者群体吸收并融入另一种文化的过程中，同化者常常接受了新的文化要素而逐渐失去原来的文化特征，并与新的文化环境中的成员在行为模式上相似。数学学习中，主体在体验、感悟、反思结果以及在真实情境中表现出综合性特征，直至最终成为数学文化人。他类同于和田秀树描述的“数理人”，真正的数理人是：有数学头脑，思考与处理事情的角度和方法不流于情绪应对的人。也就是，以所受数理科学知识训练为基础，并进而运用理性思考的人。这里所说的数学头脑，基本上不是情绪性的思考，而是根据数字分析状况，从几率的角度考虑问题。看了统计数字后，还会进一步思考：“照这种趋势，接下去应该会……”，“展示的是单纯的相关关系，还是因果关系呢？”注意，不要被数字欺骗了。平均数跟众数是不一样的，跟中位数也不同。想一想，哪个数字跟实际情形最符合，这样便能够掌握全局。同样的，也不要因为别人引用数字就被吓唬住。毕竟数字最客观，大家都会以自己的数字做根据，所以每个人都需要具备客观的、看透数字的能力。还有，不要盲从于毫无根据的数字，即使数字有其出处也不要轻易相信，如果连对自己提出的数字都会习惯性地怀疑，就证明你已经拥有数学头脑了。

一个数学文化人的综合性特征是由一系列的品质和能力构成的，是指数学素质整体性表现出来的特点：首先，一个具有数学素质的人具有数学所具有的科学精神和人文精神，即从数学的角度置疑、求真、求美、求善以及实事求是的精神，表现出数学地、理性地理解、分析和把握面临的情境。其次，一个具有数学素质的人能从数学的角度把握面临的情境，并试图数学化，从而抽象出数学。第三，在确定数学关系之后，就会选择合理的数学思想方法去处理。第四，最终表现为调动或者选择合理的数学知识与技能给出一个解决办法。最后，具有数学素质的一个显著特点是，把这种结果合理地与情境联系起来，校正解决的方案，使之符合现实情境。所以，一个人是否有数学素质不仅仅是有数学知识，更为重要的是在有数学知识的基础上，应该具有数学精神，并能够从数学的角度思考问题，选取合适的数学思想方法并合理选取合适的数学知识、技能以及数学工具。

基于上述分析，我们可以得出数学素质的生成的基础与源泉是学生已有的数学经验；数学素质的生成需要具有真实情境的问题；数学素质的生成以数学活动为载体，并经历体验、感悟、反思和表现等环节，最终以成为数学文化人为标志。这个生成过程中具有过程性、超越性和主体性特征。

第三节　我国学生数学素质的教学现状及影响因素

一、数学素质的教学现状

（一）从数学素质的综合性来看，注重数学知识的教学，忽视学生数学素质的全面生成

数学知识是数学素质的主要内容之一，但不是数学素质的全部。学生在再忆型问题上的解答好于联系型和反思型问题。而再忆型问题要求学生再忆已有的数学知识与技能，执行常规性的运算，对数学公式及其性质进行回忆等。而联系型和反思型问题是学生的数学思想方法素质、数学的思维素质和数学精神素质的表现。联系型问题要求学生从数学的角度理解、解释和说明自己做出与情境紧密联系的数学表征，实际上就是数学的思维素质以及数学的思想方法素质。我国学生对数学知识的再忆明显好于数学知识与现实情境的联系以及反思等。从数学美体验、数学的思想方法问题角度来看，我国学生比较缺乏数学美以及数学思想方法的知识，原因就在于我国很多数学教师缺乏数学思想方法和数学美知识。而如果没有数学美的知识，那么欣赏数学美就是一句空话。从数学知识领域来看，数学知识领域之间的差距不大。因此可以看出我国注重数学知识的教学，忽视数学素质的全面生成。

（二）从数学素质的境域性来看，注重数学知识与技能的常规应用，忽视在具有真实的、多样化的、开放性问题情境中的应用

数学素质的境域性强调数学素质生成中情境的重要性。新一轮数学课程改革中，强调

知识与现实生活的紧密联系，并在数学教学中也引进了大量的数学应用题目，从一定程度上加强了学生数学应用素质的提高。但是，我国学生比较擅长数学知识与技能的常规应用，例如，给出数学公式，然后按照公式的要求代入解决问题等。却不擅长在具有真实的、开放的、多样化问题情境中的表现，如陆地面积、抢劫案等。这一结果与蔡金法的研究结果是一致的，中国学生在不同的任务上有不均衡的表现——在那些评价计算技能和基础知识的任务上的表现要好于那些评价开放的复杂问题解决任务上的表现。

（三）从数学素质的生成过程来看，注重数学问题的解决，忽视学生对问题解决以及对数学的体验、感悟、反思和表现能力的引领

数学素质的生成依赖于数学教学过程，从数学学习结果的反思中可以看出，我国数学教学注重数学知识的变式训练，教材中大量的纯粹数学知识与技能的变式训练、与之配套的练习册也是纯粹数学知识与技能的变式训练，而没有帮助学生形成对数学良好的体验、感悟和反思。可以说，我国学生缺少良好的数学体验，缺乏对问题解决过程的理性反思和感悟能力的引领。学生不能很好地从数学的角度有根据地解释和说明自己的判断。这一结果与蔡金法先生的研究是一致的，蔡金法先生通过研究学生数学思维的特征发现，中国学生在计算阶段要胜过美国学生，但在意义赋予阶段不如美国学生。另外，中国学生在计算阶段的成功率要明显高于他们在意义赋予阶段的成功率。

（四）从数学素质生成的课程资源来看，注重课堂教学，忽视社会生活中应用数学的引领

数学素质的表现需要学生走出课堂，不局限于教材，从“使用数学经历”的问题中可以看出，学生举出使用数学的例子基本上来自于教材，而来自现实生活的数学例子较为贫乏。数学素质要求学生在真实情境中表现出具有数学素质的行为，而具有真实情境的问题要求学生走入现实社会生活才能找到数学的应用。然而，我国数学教学中缺乏来自现实生活的情境问题的设计。

二、影响数学素质生成的教学因素及其分析

尽管数学教学不是促进数学素质生成的唯一因素，但是学校教育中数学素质的生成却离不开教学。当然，数学素质的生成更离不开主体本身。下面主要从学生学习数学的动

机、信念与态度、学习策略、学习方式以及教师的帮助、师生关系和学习风气等多个角度来分析这些因素与数学素质的关系，以期有助于数学素质生成的教学策略的构建。

（一）学习动机对数学素质生成的影响

学习数学的动机包括学习数学兴趣和使用数学的动机。大量的研究证实，动机对学习有推动作用。一般来说，具有高水平动机的学生，其学习成绩就高；反过来，高水平成就也能导致高水平动机。数学学习兴趣和使用数学的动机与数学素质正相关，但相关性不显著，甚至有些调查结果显示对数学学习厌恶的学生，却保持着较高的数学素质。数学学习兴趣与使用数学的动机之间存在显著的相关性。在数学素质的生成中，学生学习兴趣的培养有助于激发学生使用数学的动机；反过来，使用数学的动机增强以后，又有助于学生学习兴趣的培养。所以，可以探讨提高学生的数学学习兴趣和使用数学的动机是否可以促进数学素质的生成。

（二）学习数学的态度和信念对数学素质生成的影响

学习数学的态度和信念包括数学自我效能感、数学自我概念和数学焦虑。数学素质与数学自我效能感、数学自我概念、数学焦虑存在显著的相关性，数学自我效能感和数学自我概念呈现显著的正相关，而和数学焦虑呈现负相关。研究表明，提高学生的自我概念水平有助于提高学生的学业成绩，学业自我概念可以通过一系列干预方法加以改变，改变学生的学业自我概念是提高学生学业成绩的重要途径。所以，有必要考虑增强学生的数学自我效能感和数学自我概念、减轻学生的数学焦虑是否有助于学生数学素质的生成。

（三）学习数学策略对数学素质生成的影响

学生的学习策略包括记忆策略、加工策略、控制策略等。记忆策略主要指学生对数学知识与一些过程储存于长时记忆或短时记忆的策略。加工策略是指将新旧知识建立联系的策略。控制策略是指学生对自身学习过程的调控和计划。研究表明，数学素质与记忆策略呈现负相关，而与加工策略和控制策略呈正相关，特别是与控制策略呈显著的正相关。这也表明数学素质的生成不是通过记忆。所以，改进学生的记忆策略，引导学生的加工和自我监控的能力值得在数学素质生成的教学过程中加以关注。

（四）学习数学的方式对数学素质生成的影响

按照学习过程中的组织方式，学习数学的方式可分为合作学习和独立学习（或者竞争性学习），不同的学习方式对学生有不同的影响。所以，有必要考查学生学习数学方式与数学素质的关系。研究表明，数学素质与竞争性学习呈正相关，而与合作性学习呈负相关。我国学生比较赞同竞争性学习，而对合作性学习却不太赞同。所以，数学素质的生成中应该注重两种学习方式的共同引导。

（五）师生关系、教师帮助以及学习风气对数学素质生成的影响

师生关系、教师的帮助和学习风气一直是学生学习数学的重要因素，民主的师生关系和良好的学习风气一直是学习成绩的促进剂。当然学生的数学学习更是离不开教师的帮助。研究表明，数学素质的生成与教师的帮助呈现负相关，而与师生关系和学习风气呈正相关，特别是与学习风气呈显著的正相关。因此，民主和谐的师生关系相对于教师的帮助和学习风气的建立更为重要。

（六）影响数学素质生成的教学因素之间的相关性

教学是一个整体性的活动，所以，既要分析影响因素与数学素质的关系，还应该分析影响因素之间的关系。研究表明，影响数学素质生成的教学因素之间呈现以下相关性。

（1）师生关系与教师的帮助、学习风气、数学学习兴趣、使用数学动机、数学自我效能感、数学自我概念、记忆策略、加工策略、控制策略、竞争性学习以及合作性学习呈显著的正相关，而与数学焦虑呈显著的负相关。

（2）教师的帮助与师生关系、学习风气、使用数学动机、数学自我效能感、加工策略和控制策略呈显著的正相关，而与数学焦虑呈显著的负相关。

（3）学习风气与教师的帮助、使用数学动机、数学自我效能感、加工策略、控制策略呈显著的正相关，而与数学焦虑呈显著的负相关。

（4）数学学习兴趣与师生关系、使用数学动机、数学自我效能感、记忆策略、加工策略、控制策略、竞争性学习和合作性学习具有显著的正相关，而与数学焦虑有显著的负相关。

（5）使用数学动机与师生关系、教师的帮助、学习风气、数学学习兴趣、数学自我效

能感、数学自我概念、记忆策略、加工策略、控制策略、竞争性学习以及合作性学习呈显著的正相关，而与数学焦虑呈显著的负相关。

（6）数学自我效能感与师生关系、教师的帮助、学习风气、数学学习兴趣、使用数学动机、数学自我概念、记忆策略、加工策略、控制策略、竞争性学习以及合作性学习呈显著的正相关，而与数学焦虑呈显著的负相关。

（7）数学自我概念与师生关系、数学学习兴趣、使用数学动机、记忆策略、加工策略、控制策略、竞争性学习、合作性学习呈显著的正相关，而与数学焦虑呈显著的负相关。

（8）数学焦虑与师生关系、教师的帮助、学习风气、数学学习兴趣、使用数学动机、数学自我效能感、数学自我概念、记忆策略、加工策略、控制策略、竞争性学习、合作性学习呈显著的负相关。

（9）记忆策略与师生关系、数学学习兴趣、使用数学动机、数学自我概念、加工策略、控制策略、竞争性学习以及合作性学习呈显著的正相关，而与数学焦虑呈显著的负相关。

（10）加工策略与师生关系、教师的帮助、学习风气、数学学习兴趣、使用数学动机、数学自我效能感、数学自我概念、记忆策略、控制策略、竞争性学习、合作性学习呈显著的正相关，而与数学焦虑呈显著的负相关。

（11）控制策略与师生关系、教师的帮助、学习风气、数学学习兴趣、使用数学动机、数学自我效能感、数学自我概念、记忆策略、加工策略、竞争性学习、合作性学习呈显著的正相关，而与数学焦虑呈显著的负相关。

（12）竞争性学习与师生关系、数学学习兴趣、使用数学动机、数学自我效能感、数学自我概念、记忆策略、加工策略、控制策略、合作性学习呈显著的正相关，而与数学焦虑呈显著的负相关。

（13）合作性学习与师生关系、数学学习兴趣、使用数学动机、数学自我效能感、数学自我概念、记忆策略、加工策略、控制策略、竞争性学习呈显著的正相关，而与数学焦虑呈显著的负相关。

第四节 培养学生数学素质的教学策略及教学建议

一、数学素质培养的教学策略

下面从教学策略实施的基本理念、教学过程、教学内容、师生关系设计以及评价方式等方面构建培养学生数学素质的教学策略。

（一）以具有真实情境的问题为驱动，指向数学素质的各个层面

从数学素质的内容构成来看，数学素质包括数学知识素质、数学应用素质、数学思想方法素质、数学的思维素质、数学精神素质。我国的数学教学现状表明：注重数学知识的教学，忽视数学素质整体的生成；注重数学知识与技能的常规应用，忽视在具有真实的、多样化的、开放性问题情境中的应用；注重数学问题的解决，忽视学生对问题解决以及对数学的体验、感悟、反思和表现能力的引领；注重课堂教学，忽视社会生活中应用数学的引领。所以，数学素质生成的教学必须以具有真实情境的问题为驱动，在具有真实情境的问题解决中以数学应用为核心，在数学应用的过程中引领数学精神素质、数学思维素质、数学思想方法素质和数学知识素质。

具有真实情境的问题是指将数学真实地与现实世界结合起来，凸显数学在现实世界中的作用，使学生建立数学与现实生活相联系的问题。荷兰著名数学教育家弗莱登塔尔指出，“讲到充满着联系的数学，我强调的是联系亲身经历的现实，而不是生造的虚假的现实，那是作为应用的例子人为地制造出来的，在算术教育中经常会出现这种情况”。在数学素质生成的教学中，应该以具有真实情境的问题为驱动。

具有真实情境的问题能够使学生真实地体验、感悟和反思数学在现实生活中的作用，并且在具有真实情境问题的处理中，表现自身的数学精神素质、数学思维素质、数学思想方法素质、数学应用素质和数学知识素质。杜威的“做中学”的教学过程特别强调情境：“第一，学生要有与他的经验真正相关的情境，也就是要有一个正在继续的活动，学生是由于对这种活动本身有着兴趣才去做的；第二，要能在这种情境中产生真正的问题，以引起学生的思考；第三，学生必须具有一定的知识和进行必要的考察，来处理这种问题；第四，学生把所想到的各种解决问题的方案，自己负责将它有序地加以引申和推演；第五，

他要有机会通过应用去检验他的各种观念，把他们的意义弄清楚，使自己发现他们是否有效。”斯泰恩概括了当前数学教学的发展的两种模式：一种是认知心理学模式，指向数学理解；另一种是社会文化模式，通过让学习者成为一名数学实践共同体的成员，帮助其进行思维。其中，后一种模式的数学教学强调超越“对数学的结构、概念、程序和事实性知识的掌握”，注重“数学实践共同体解决问题过程中所包含的‘心理习惯’：架构问题、寻找解决方案、表述猜想、将数学逻辑和数学推理作为自己进行推理的依据，注重通过对数学共同体的话语方式、价值观和规范的逐步掌握而成为数学的识知者、评价者、应用者和制造者”。社会文化模式的数学教学追求的主要目标在于使数学成为解决问题过程中强有力的工具，使学习者成为数学的实践者。数学公理、数学逻辑和推理方法要在解决现实世界问题的过程中彰显其意义。这种追求不仅远远超越了传统的程式化数学教学，就是与“做数学”相比也有不少独到之处，因为社会文化模式的教学要培养的不仅是数学思维，更有实践中的数学思维。所以，学生在具有真实情境的问题中，才会使学生面临不同方案的抉择、质疑、反思、联系，而不是追求唯一正确的答案。但是，在当前的数学教学中，具有“假”情境的问题层出不穷。例如，为了说明“幂的运算在现实生活中的应用”，设计了问题：“在手工课上，小军制作了一个正方体模具，其边长是4×10^3cm，问该模具的体积是多少?”很显然，这是为了应用而应用。数学素质的生成需要使学生真实地体验和感受到数学与现实生活的紧密联系，首先感受的是情境的真实性，如果情境不真实，就会造成学生对数学与现实生活紧密联系的质疑。

数学素质生成的实践指向性表明，数学素质的生成是在认识真实世界、解决现实问题、完成真实世界的任务中进行的。因而，数学素质的生成是在数学与真实世界的联系中实现的。正如著名数学家柯朗所指出的：“当然，数学思维是通过抽象概念来运作的，数学思想需要抽象概念的逐步精炼、明确和公理化。在结构洞察力达到一个新高度时，重要的简化工作也变得可能了……然而，科学赖以生存的血液与其根基又与所谓的现实有着千丝万缕的联系……只有这些力量之间相互作用以及它们的综合才能保证数学的活力。”也就是说，“归根到底，数学生命力的源泉在于它的概念和结论尽管极为抽象，却如我们坚信的那样，它们从现实中来，并且在其他科学中，在技术中，在全部生活实践中都有广泛的应用，这一点对于理解数学是最重要的”。所以，无论是数学知识的获取，还是理解数学，无论是数学思想方法的掌握，还是数学思维的活力，都来自于学生对真实情境问题的处理。

真实情境问题具有真实性和开放性，具备生成数学素质各个层面的条件。设计一个学习环境首先必须要明确需要学习什么，行为发生实世界情境是什么。接着，选择其中一个情境作为学习活动的目标。这些活动必须是真实的：它们必须涵盖学习者在真实世界中将遇到的大多数认知需求。因而要求在这一领域中进行真实问题的解决和批判性的思维。学习活动必须抛锚在真实应用情境中，否则结果仍将是呆滞的知识。所以，在数学教学中需要通过真实的活动方式进行探究性学习，从而在活动的真实层次上建构知识的意义，从各个层面生成数学素质。所谓真实的方式，就是要求学习者如同是在真实世界中的实践者一样，在主动探索、实践反思、交流、提高的过程中获得知识，使学生能够在“再创造”中体验数学家所经历的苦恼、克服困难的过程以及成功的喜悦，并感悟和反思数学的思想方法、数学思维和数学精神的生成过程。

（二）以多样化的数学活动为载体，引领学生的体验、感悟、反思和表现

数学素质的生成需要引导学生体验数学发现、质疑、数学问题解决、数学审美以及数学精神的熏陶，体验、感悟和反思结果，并在各种活动中表现出来。也就是说，“课堂教学应该关注在生长、成长中的人的整个生命。对智慧没有挑战性的课堂教学是不具有生成性的；没有生命气息的课堂教学也是不具有生成性的。从生命的高度来看，每一节课都是不可重复的激情与智慧综合生成的过程”。所以，数学素质生成的教学过程需要通过设计多样化的数学活动，引导和激发学生的体验、感悟、反思以及表现。

1. 数学发现的体验、感悟与反思

数学学习是一个经历观察、实验、猜测、计算、推理、验证等的学习过程。在这个过程中，数学发现的设计应该突出学生的经历和体验，引导学生体验和感悟数学的发现过程，在这个过程中既有对数学问题提出的体验、感悟和反思，也有对数学再创造的体验、感悟和反思。在这个过程中要强调数学家的工作的特点，强调学生的“再创造”，他们经历“做”的工作和数学家是一样的，使得学生了解数学家的工作。而对于数学家工作的理解和数学研究的理解也是数学素质的一个重要组成部分，因为一个公民应该了解科学家的研究活动和科学过程，只有这样，他才会相信科学。因为“在调查公众的科学素质时，是否知道科学家和他们的工作往往是其中的一个组成部分，一般来说，公众是不太了解科学家的工作和思想的，即使他们承认科学的重要性，也会由于专业和技术上的困难而难以理解。随着教育的普及和科学的传播，公众越来越希望了解科学和科学家”。而数学发现则

是数学研究中最有价值的研究，正如爱因斯坦所言："提出一个问题往往比解决一个问题更重要，因为解决一个问题也许仅仅是一个数学上或者实验上的技能而已。而提出新的问题，新的可能性，从新的角度去看旧的问题，却需要有创造性的想象力，而且标志着科学的真正进步。"从数学史的角度看，数学发现推动了数学研究发展，一些数学家因为提出问题而闻名世界，比如，哥德巴赫猜想可以说家喻户晓，但是对在推进哥德巴赫猜想解决过程中的研究者们未必知道得很多。数学发现主要有两个方面：一是现实世界中数学关系的发现，现代日益增多的应用数学分支就足以说明这个问题；二是数学问题、定理或者猜想的发现。"问题是数学的心脏"已经涵盖了数学发现在数学发展中的地位和价值。

在有效的教学中，需要有价值的数学问题引出重要的数学概念，并巧妙地吸引和挑战学生来思考这些问题。问题选得恰当，有利于激发学生的好奇心，从而使他们喜欢数学。数学问题可能和学生的现实经验有关，也可能来自纯数学内容。不管情境如何，有价值的数学问题应该是引人入胜的，需要认真思考和努力进取才能完成的。所以，在数学教学中，应该从两个方面进行设计：

（1）数学知识的发现。相对于现实生活中数学关系的发现而言，数学知识发现的教学引领相对比较容易，因为相对于学生来讲，这是"二次发现"或者"再创造"。因此，在数学教学中，教师呈现给学生的不应是静态的数学知识，而应是数学知识产生的背景——数学情境。教师通过根据数学课程中的知识点创设数学情境，和学生共同经历数学知识的发现、体验、感悟和反思过程，使学生在学习数学的过程中实现数学的"再创造"，在做数学中学数学，重履数学家发现数学知识之路，从而实现对数学的真正理解。

（2）现实生活中数学关系的发现。从阐述数学在现实中有广泛应用的论文或者专著中知道，数学在现实生活中有广泛的应用性是不容置疑的。但是，真正使学生体验到数学在现实生活中广泛应用的例子并不是很多。我们认为很少给学生发现现实生活中数学关系的机会是造成这一现象的直接原因。所以，设计来自于现实生活中数学应用的例子就成为数学教学的关键。设计的案例目标在于学生数学素质的生成，使学生亲身体验从数学的角度理解情境，选取合适的数学思想方法，并用数学知识与技能解决问题的过程，感悟数学与现实生活的紧密联系，反思如何在现实生活中应用数学知识与技能。

实际上，"思考的活动不是在获得课程内容的智能之后才出现的，而是成功的学习过程中整体的一部分，因此课程内容须能挑动思考的灵感，即使最不起眼、最基本的课堂教学情境中，亦可启发思考的泉源"。

2. 数学成功的体验、感悟与反思

数学素质生成的影响因素表明，学生的数学自我效能感和数学自我概念与数学素质具有显著的相关性，数学成功的体验不仅使学生对数学产生兴趣，而且有助于提高学生的自我概念和学生的自我效能感，反之亦然。数学成功包括问题解决成功，也包括数学问题发现的成功和实际生活问题“数学化”的成功。实际上，学业自我概念与学业成就是相辅相成的，学业上的成功能够促使积极的学业自我概念的形成，而积极的学业自我概念又会对学生的学习起到一种推动作用，促进学生的学习，提高学生的学业成就。国外有不少研究表明自我效能与学业成绩呈正相关。班杜拉 1981 年的研究发现，那些对数学毫无兴趣、数学成绩特别差的学生，经过一段时间的训练后，他们的成绩和自我效能感都显著地提高了，而且，觉察到自我效能感与数学活动的内部兴趣呈明显的正相关。舒恩克 1984 年的研究和约翰 1987 年的研究都表明学生的自我效能感水平可以准确地预测学生的学业成就水平。国内也有研究者通过实验研究发现，自我效能感不仅与学习成绩呈正相关，而且，在教学实践中通过一定的方法和措施也是可以改变和提高的。有关自我效能感和学业成就的研究表明，以下几种情况，学生在学校的成绩会得到提高，自我效能感也得以增强：①采用短期目标以更容易看到进步；②教学生使用特定的学习策略，如列提纲或写总结这种有助于精力集中的策略；③不仅根据参与情况，而且根据行为表现来给予奖励，因为行为表现奖励标志着能力的提高。实际上，对于学生来说，他用最宝贵的时间参与教学活动，如果从来没有成功的体验，那么他的一生是遗憾的。但是，学生体验了刻骨铭心的成功，并在体验的基础上感悟和反思后，将对学生数学素质的提升极为重要。

3. 数学审美的体验、感悟与反思

数学的审美体验、感悟和反思是数学素质的生成的情感因素之一。因为独特的审美感对数学创造力具有重大的价值。庞加莱曾描述过数学家所体验到的那种真正的美感：“只是一种数学的美感，一种数和形的和谐感，一种几何的优美感。”雷韦斯说：“数学家之所以要创造，是因为精神构成物的美给他带来的快乐。”所以，对数学审美的体验、感悟和反思能够形成对数学家追求美和数学所涌现出的科学美的体验，有助于形成数学科学的人文精神素质。

要学生能够审美或者体验、感悟和反思数学美的前提是要使学生知道“数学美是什么”。即“要获得审美的精神享受，就要求有审美的修养。没有必要的审美修养，就不可能具有审美的能力，就不可能获得应有的审美享受”。一般认为，科学美的表现形态有两

个层次，即外在层次与内在层次。按照这两个层次把科学美分为实验美与理论美（或称内在美、逻辑美）。实验美主要体现在实验本身结果的优美和实验中所使用方法的精湛上。理论美主要体现在科学创作中借助想象、联想、顿悟，通过非逻辑思维的直觉途径所提出的崭新科学假说，经过优美的假设、实验和逻辑推理而得到的简洁明确的证明以及一些新奇的发明发现上。理论美的范畴有：和谐、简单和新奇。数学美隶属于科学美，所以具有科学美的属性与特点。由于数学在抽象性程度、逻辑严谨性以及应用广泛性上，都远远超过了一般自然科学。所以，数学美又具有其自身的特征。从数学发展史上看，“无论是东方还是西方，在古典数学时期，表现出来的数学美主要是以均衡、对称、匀称、比例、和谐、多样统一等为特征的数学形态美以及数学语言美，但都是外层次的、低层次的；对于数学内层次的、内在美（神秘美）没有论及，或论及甚少而且又很肤浅。17 世纪以后，特别是 20 世纪开始，对于数学理论审美标准有了比较一致的看法：统一性、简单性、对称性、思维经济性”。“无论是按照数学美的内容，将其分为结构美、语言美与方法美，还是按照数学美的形式，将其分为形态美与神秘美，其基本特征均为：简洁性、统一（和谐）性、对称性、整齐性、奇异性与思辨性”。

在数学教学中，结合数学教材内容进行审美知识的介绍以及数学审美的引领，只有这样才可使学生知道“什么是数学美”和“怎样从数学的角度审美”正如著名数学教育家罗增儒教授指出的，“数学教学与其他一些突出欣赏价值的艺术不同，它首先要求内容的充实、恰当，这是前提，在这个基础上还要花大力气去展示数学本身的简单美、和谐美、对称美、奇异美。这些讲授魅力是最本质的因素，也是艺术发挥的最广阔空间。‘从教材中感受美、提炼美，并向学生创造性的表现美，应该是教师的基本功。’”比如，数学的简洁美，我们经常见到“化简”，但是很少给学生说明，这就是追求简洁美的一个过程。在多样化解题中，我们可以渗透简洁美的教育。“可以通过以下几个方面寻找更美的数学解：①看解题过程多走了哪些思维回路，通过删除、合并来体现简洁美。②看能否用更一般的原理去代替现存的许多步骤，以体现解题的奇异美。③看能否用更特殊的技巧去代替现有的常规步骤，以体现解题的奇异美。④看解题过程是否浪费了更重要的信息，以便开辟新的解题通道。”

可以看出，数学美的生成是数学素质的很重要的内容，学生只有体验到数学美、感悟到数学美的真谛，反思数学审美结果，才有可能从数学的角度思维，才有求真、求美的过程，这是数学思维素质和数学精神素质生成的关键。

4. 多样化的数学学习方式的体验、感悟和反思

数学素质生成的教学过程离不开对学生的学习方式的设计和引领，而且，数学素质的生成也离不开学生的学习。从数学素质生成的影响因素中可以发现，学生的学习方式与数学素质的生成是正相关的。所以，多样化的学习方式体验、感悟和反思的引领有助于学生数学素质的生成。当我们只是强调一种狭窄的理性认知模式时，我们就转向了经验的重力中心，因而，我们没有学会如何去看、去听、去感知，也就是说，没有学会如何去表达我们的感受。而数学素质的生成环节表明，数学素质的生成需要设计有助于学生体验、感悟、反思以及表现的过程。

学生的学习方式按照学生参与的特点（是否是主动的、积极的以及自主的）把学生的学习方式分为自主学习和他主学习；按照内容的呈现方式可以分为接受性学习和探究性学习；按照组织方式可以分为合作性学习和独立性学习，或者合作性学习与竞争性学习；新一轮基础教育课程改革倡导自主、合作、探究的学习方式。实际上，任何一种学习方式在不同的年龄段、不同的内容以及不同的学生特点作用不同，这与学生的自身特点直接有关。但是，需要学生体验不同的学习方式，并从不同的学习方式中获得不同的发展。自主学习的特点是积极的、主动的、自我监控、非依赖性的，而数学素质生成的主体性要求学生数学学习是积极的、主动的、自我监控的，特别是控制策略与数学素质的生成具有显著的正相关。

探究性学习的特点是问题性、探究性、过程性、开放性。在数学素质的生成中，探究性学习有助于学生形成从数学的角度思考问题、探究问题、解决问题，在这个过程中有数学精神素质、数学思维素质、数学思想方法素质以及数学应用素质的生成。从影响数学素质生成的教学因素之间的相关性可以发现，数学素质的生成与竞争性学习和合作性学习呈显著的正相关。而我国学生在数学学习中并不缺乏竞争性学习的体验，但却缺乏合作性学习的体验。在数学素质的生成中应该强调两种学习方式的使用，特别是合作学习中，应该注重学生数学学习的交流。从我国学生的数学素质现状的调查表明，我国学生不擅长解释和说明自己的思维过程和问题解决的方法。所以，多样化学习方式的设计有助于学生数学素质的生成。

5. 数学思想方法、数学思维和数学精神的体验、感悟和反思

根据有关调查，我国大多数公民对于基本科学知识了解程度较低，在科学精神、科学思想和科学方法等方面更为欠缺。而数学精神素质中蕴涵了一般的科学精神、科学思想和

科学方法。对我国学生数学素质的现状调查表明，与数学应用素质相比较，学生更为缺乏数学思想方法素质、数学思维素质以及数学精神素质。所以，从不同层面进行数学素质生成的教学过程使数学素质生成的教学策略具有针对性。

日本著名数学家米三国藏认为："以我之见，在给学生讲授数学定理、数学问题时，与其着眼于把该定理、该知识教给学生，还不如从教育的角度让学生利用它们：①启发锻炼学生的思维能力（主要是推理能力，独创能力）。②教给学生发现问题的定理、法则的方法及其练习。③教给学生捕捉研究题目的着眼点以及鼓励学生的研究心理。④使学生了解，在杂乱的自然界中，存在着具有美感的数量关系，从而培养学生对数学的兴趣。⑤再通过应用数学知识，使学生们了解数学的作用，同时，通过应用所得的数学知识，还有利于培养学生对数学的兴趣，就会促进数学精神的活动，有益于数学精神的培养。"

郑毓信教授指出："我们不应以数学思维方法的训练和培养去取代数学基本知识和技能的教学，而应将思维方法的训练和培养渗透于日常的数学教学活动之中，也即应当以思想方法的分析去带动、促进具体数学内容的教学。因为，只有这样，我们才能真正把数学课'讲活'、'讲懂'、'讲深'——所谓讲活是指教师应通过自己的教学活动为学生展示出活生生的数学研究工作，而不是死的数学知识；所谓讲懂是指教师应当帮助学生真正理解有关的数学内容，而不是囫囵吞枣，死记硬背；所谓讲深不仅应使学生掌握具体的数学知识，而且也应该帮助学生学会数学地思维。"

对我国学生学习现状的调查结果显示，学生缺乏数学思想方法的知识，没有形成数学的思维习惯以及数学质疑的态度。从数学素质的生成机制的讨论中可以发现，数学素质生成的源泉和基础是数学的活动经验（包括知识）。所以，要养成各个层面的数学素质就必须使学生具有与之对应的数学活动经验。在有这种数学活动经验的基础上，在数学活动中体验、感悟和反思这些活动经验的结果，把这种结果表现在真实情境中。为此，在数学教学设计中，要针对于数学素质的层面，首先要引导学生发现或者介绍与之对应的数学思想方法、数学的思维以及数学精神的知识以形成与之对应的数学活动经验。比如说，在当前的数学教学中，都是渗透数学思想方法，但没有明确地说明这些数学思想方法和这些数学思想方法的特点以及使用的过程与步骤，这样造成学生有朦胧的体验，但不明确是什么，不利于学生数学思想方法素质的生成。其次，在数学教学中，通过数学活动引领学生对这些活动经验的体验、感悟和反思。最后，通过设计真实的、开放性的数学活动激发学生数学素质的生成。著名数学家辛钦在强调培养学生的思维素质时，描述了学生体验完整的论证的教学过程："在研究数学时，学生首次在自己的生活中遇到论证的要求，这使学生感到惊奇，使之疏远，它们对于学生来说似乎是不必要的，超过限度和苛求的。但日复一日，他们逐渐习惯于此了。"他认为，好的教师使这个过程更快、更有成效地完成。他教自己的学生相互评议，当其中之一在全班面前证明某个东西或者解某个题的时候，所有其他同学应紧张地寻找可能的反驳理由并很快地表达出来。而为这种反驳所诘难的学生，当他促使对方缄口不言的时候，不可避免地会尝试到胜利的喜悦。他清楚地感受到这一点时，他不可避免地要学会尊重这一武器，努力地使之时时刻刻备有它。并且当然地，不仅仅在数学里，而且在任何其他场合的讨论他都会越来越多地，越来越经常地努力进行完备的论证。

所以，需要在数学教学中设计与数学素质各层面对应的综合性的数学学习过程，在这个过程中，学生要有与之对应的数学活动经验，并在此过程中引领和激发学生的体验、感悟、反思和表现。

（三）以转变师生关系为手段，调适教师的帮助和学生的自主

从数学素质生成影响因素的分析中可以发现，数学素质的生成与教师的帮助呈现负相关，而与师生关系和学习风气呈现正相关，特别是与学习风气呈现显著的正相关。实际上，师生关系的设计包含了教师的帮助和学习风气。所以，数学素质生成的教学中，以转变师生关系为手段，调整教师的帮助和学生自主学习，使之适合学生数学素质的生成。

1. 教师指导与学生自我监控的调适

在数学素质生成的影响因素研究中，表明教师的帮助与学生的数学素质呈现负相关。但是，数学素质的生成离不开数学教师，离不开数学教师的引领，而且教师也是影响师生关系的重要因素。数学素质的生成中，要不断调适教师的指导和学生的自主学习，逐渐从"他主"走向"自主"。

数学素质的生成影响因素表明，学生的控制策略与学生的数学素质呈现显著的正相关。其他研究表明，学生的数学自我监控能力与学生的数学成绩具有显著的相关性，而且通过培养学生的自我监控能力有助于学生数学成绩的提高。传统的数学教学中"教师一讲到底"以及教师过多的干预，一定程度上剥夺了学生数学活动的独有的体验、感悟、反思和表现的机会，学生的学习依赖于数学教师的"他主"。而自主的主要特点是学生具有自我监控能力。所以教师帮助的隐性化，培养学生的自我监控能力将会弱化教师的"一帮到

底”，强化学生的自我监控，有助于学生数学素质的生成。而且，以具有真实情境问题为驱动的数学教学中，教师的角色不再是讲授者，而是与学生一道合作探究，在合作探究的过程中，教师必须引导学生形成自我监控意识和能力。

著名数学教育家波利亚指出：“教师最重要的任务之一是帮助他的学生。这个任务并不是很容易，它需要时间、实践、奉献和正确的原则。学生应当获得更多的独立工作的经验。但是，如果把问题留给他一个人而不是给他任何帮助，或者帮助不足，那么他可能根本得不到提高。而如果教师的帮助太多，就没有什么工作留给学生了。教师应当帮助学生，但不能太多，也不能太少，这样才能使学生有一个合理的工作量。如果学生没有能力做很多，那么教师至少应当给他一些独立工作的感觉。要做到这一点，教师应当谨慎地、不露痕迹地帮助学生，最好是顺乎自然地帮助学生。通过这样去做，学生将学到一些比任何具体的数学知识更重要的东西。”

实际上，所谓“教学”是指教师引起、维持或促进学生学习的所有行为。它的逻辑必要条件主要有三个方面：一是引起学生学习的意向，即教师首先要激发学生的学习动机，教学是在学生“想学”的心理基础上展开的；二是指明学生所要达到的目标和所学的内容，即教师要让学生知道学什么以及学到什么程度，学生只有知道了自己学什么或学到什么程度，才会有意识地主动参与；三是采用学生易于理解的方式。

在数学素质生成的数学教学中，教师要通过对学生自我监控能力的培养和引领入手，使学生形成良好的自我监控能力。

2. 师生关系民主平等化调适

在数学素质生成的影响因素研究中，表明师生关系与学生的数学素质呈现正相关。但是，我国学生在师生关系上的得分较低，表明师生关系有待改进。美国学者勒温及其同事以及后续关于教师领导方式的经典研究表明，教师的领导方式分为专制型、民主型、放任自流型，三者对学业成绩的影响不是最大，但对学校中的一般社会行为、学生的价值观、学习风格产生深远的影响。例如，民主型教师领导的课堂，学生们喜欢同别人一道工作，互相鼓励，而且独自承担某些责任；而放任自流性的教师领导的课堂，学生之间没有合作，谁也不知道应该做些什么；专制型教师领导的课堂，学生推卸责任是常见的事情，不愿合作，学习明显松弛。现代脑科学研究表明，大脑皮层的活动状态主要有兴奋和抑制两种。学生在不适当的抑制状态下由于信息传递和整合受到影响，不仅难以接受教育、教学活动中的有用信息，而且在大脑皮层也难以正常传递和处理信息。因此，数学素质的生成需要民主、平等、对话的师生关系。

在数学素质的生成中，以具有真实情境的问题为驱动需要民主、平等、对话的师生关系，情境的真实性激发学生的探究和质疑的欲望，学习不再是压力和教师的传授。结论的开放性和多样性改变了答案唯一的教学情境，激发学生尝试成功和相互交流的积极性，摆脱了教师的权威性，使学生和教师平等，激发了学生之间和教师与学生之间的相互交流，从不同层面促进了数学素质的生成。

3. 教师教学责任与学生学习的责任性调适

学习的责任性是指学习者对学习的个人对社会应尽的义务和责任有充分的认识和体验，表现为学习者对学习目标和意义的认识以及由此产生的对学习的积极态度和敬业精神。传统的数学教学过分强调教师的角色转变而忽视了学生的转变和学生学习的责任性，甚至鼓吹“没有教不好的学生，只有不会教的老师”，实际上，在影响因素的分析中，我们发现学生的控制策略与数学素质呈正相关，而教师的帮助与数学素质呈显著的负相关。所以在数学教学中，激发学生的责任性是数学素质生成中必须关注的问题。《美国学校数学教育的原则和标准》中提出：“学生们每年在学校学习数学并且对他们的数学十分投入，懂得为自己的数学学习负责。”

在“角色和责任”中提出：“教师每天的教学决定了他们的学生所得的数学教育的效果和质量。但仅仅依靠数学教师是不够的，他们只是复杂的教学系统中的一个组成部分。其他成员——学生自身……负起责任。”对学生来说，“数学学习是很刺激的。给人以成就感的，有时也是很困难的 。学生尤其是初、高校的学生 ，应该通过认真地研究各种资料并努力发现数学对象之间的关系，以提高数学学习的效率来尽他们的责任。如果学生积极配合并把他们的理解清楚地告诉他们的老师，那么教师就可以更好地针对学生的困难设计教学方案。这种交流要求学生记录和修正他们的思维，并学会在数学学习过程中提出好问题。在课下，学生们必须抽出时间来学习数学。他们还必须学会利用网络这样的资源来解答数学疑难和提高学习数学的兴趣。当学生们开始有职业立项意识的时候，他们可以初步调查一下这些职业对数学的要求，并对自己学校提供的课程计划进行考察，以确定这些课程计划是否能够为将来的职业做好准备”。

学生学习数学的责任感的养成有助于学生对数学作用的认识，才会激发学生数学学习的积极性。如果学生意识不到数学学习的责任性，不能把自己的数学学习与自己的生活、生命、成长、发展联系起来，数学素质就难以生成。换句话说，学生只有意识到数学在现实生活、科技发展以及自己将来职业选择中的作用，才会学习数学和应用数学，进而在学习和应用数学的过程中从不同层面生成数学素质。

（四）以数学在现实生活的应用为依托，开发从教材走向社会生活的教学资源

课程资源是课程建设和教学的重要方面，数学素质的开放性表明数学素质的生成不能仅仅靠教科书和一些辅助性的练习册，需要在教学中不断建设。而数学素质生成的课程资源来源于真实的社会生活。杜威认为，教学不是学院式的，而必须与校外和日常生活中的情境联系起来，创设能够使儿童的经验不断生长的生活情境——“经验的情境”。

数学素质的开放性表明数学教科书不能完全承担数学素质生成的课程资源。因为，现在的数学书籍，不论是教科书还是参考书，也不论是大部头的著作还是论文，都仅仅记述了数学知识，可以说还没有一本论述数学精神、数学思想和数学方法的著作。所以，数学素质的课程资源需要数学教师和学生共同建设，共同挖掘社会资源中的开放性、真实性问题。

数学素质生成的课程资源分为几个方面：数学应用、数学思想方法、数学思维以及数学精神。数学应用方面应该开发一些充分利用数学知识与技能的真实性问题，提供者是数学教师和学生，数学思想方法的开发，需要教师和学生一起在课堂教学或者现实生活中建构。每当有好的范例，教师就应不失时机地将它（数学的精神）教授给学生，还应反复地教学生，不限于数学，还将它应用于数学以外的问题。新西兰的贝格认为：“一个理想的课程不仅包括数学内容的掌握和理解及数学能力的培养与发展，而且还要通过教育达到个人的、职业的，乃至人类整体的目的。如自尊心的发展、责任心、合作的态度与科学的精神等。”

正如《美国学校数学教育的原则和标准》所描述的：我们生活在一个非常的、加速变化的时代。研究和交流数学的新知识、新工具和新方法不断地涌现和发展。在 20 世纪 80 年代初，为大众使用所生产设计的计算器仍然太昂贵了。但是现在，它不仅到处可见，价钱便宜，而且功能更强。日常生活和工作场所对理解数学和应用数学的需求变得前所未有的大，并且这种需求将不断上升。例如：生活中的数学。懂得数学使人们在生活中得到满足和能力。日常数学越来越需要数学和现代科技的支持。例如，制订采购计划、选择保险或健康计划、在投票中作出明智的选择，都需要数量方面的知识。

作为人类文化遗产一部分的数学，是人类文化和智慧成就中最伟大的一部分。人们应

该具有理解和欣赏这一伟大成就的能力，包括对其美学及娱乐方面的理解和欣赏。工作场合的数学。正像公众对数学的需求大大增加一样，从医疗保健到图象设计的各种专业领域，都越来越需要数学思维和问题解决能力。

科技领域的数学。尽管所有的职业都需要数学，但有的职业却是数学密集型的。更多的学生必须通过教育这个途径为他们的终身职业，如成为数学家、统计学家、工程师和科学家做准备。具有真实情境的问题需要从教材走向社会，从社会不同的环境中寻找来自生活中的数学、作为人类文化遗产的数学、工作场合的数学、科技领域的数学等。所以，数学素质生成的课程资源需要走向社会，挖掘社会生活中不同层面存在的和应用的数学，激发和引领学生数学地体验、感悟和反思数学在现实生活中的应用，并在真实的情境中表现主体自身的数学素质。

（五）以真实的、多样化的、开放性的情境问题为工具，激发和引导学生数学素质的表现

数学素质的境域性表明数学素质评价需要与之对应的真实情境。数学素质综合性特点表明数学素质需要数学素质的评价方式的多元化。而数学素质的外显性特征需要主体能够把数学素质表现出来。所以，创建适合于学生表现数学素质的情境极为重要。为此，数学素质评价策略关注表现性评价和真实性评价。隆贝尔格指出："我们面临的挑战是怎样创造课程体系，充满着来自社会和政治、经济方面的成果，从而帮助学生理解问题的复杂性，在解题的过程中帮助学生懂得并且发展数学在解决问题中的作用，相应地让他们发挥数学威力。"

真实情境是指主体所面临的一种的情境。在这里强调真实情境，因为有些情境是不真实的，通常是为数学知识的应用而有意编写的情境。数学素质教学现状调查结果表明，我国学生对于开放性问题解答的平均正确率落后于国际平均水平，甚至在一些开放性问题上接近平均正确率最低的国家。而这一点与我国长期的数学问题答案的唯一性有关，学生形成只有唯一正确答案的习惯。"由于对一种'正确答案'的文化适应，学生们常常对批判性思考或应用材料的尝试畏缩不前。"所以，基于数学素质的特征，构建真实的、开放性的问题情境是数学素质生成的评价关键。美国格兰特·威金斯认为真实的情境应符合以下标准：①是现实的。任务本身或设计能复制在现实情况下检验人们知识和能力的情境。②需要判断和创新。学生必须聪明并有效地使用知识和技巧解决未加组织的问题，比如拟订

一个计划时，解决方案不能只按照一定的常规、程序，也不能机械地搬用知识。③要求学生“做”学科。不让学生背诵、复述或重复解释他们已经学过的或知道的东西。他们必须在科学、历史或者任何其他一门学科中有一定的探索行为。④重复或模仿成人接受“检验”的工作场所，公民生活和个人生活等背景。背景是具体的，包含着特有的制约因素、目的和群体。⑤评价学生是否能有效地使用知识、技能来完成复杂任务的能力。⑥允许适当的机会去排练、实践、查阅资料、得到关于表现及其作品的反馈，并能使表现和作品更加完善。需要指出的是，数学素质生成的真实性问题要让学生亲自去发现，而不是简单的计算。

总之，数学素质生成的评价需要具有真实情境的问题来激发和引领学生数学素质的外显，促进数学素质的生成。

二、数学素质培养的教学建议

通过梳理国内外关于数学素质的研究成果，通过对数学素质进行内涵的界定、构成要素以及生成机制的系统分析，并结合我国学生数学素质的现状和影响因素，初步得出这样一些结论与建议：

（一）素质教育思想是数学素质培养的落脚点

数学素质的生成是否会影响数学教育的最终目标是数学教学从数学知识的传授走向数学素质生成的一个关键性前提。也就是说数学素质生成的教学策略不能“为素质而素质”。实际上，无论是素质教育的实施，还是数学教育本身的育人价值都表明：数学教育的最终目标是提高学生的数学素质，也只有提高学生的数学素质才能使素质教育思想在数学教育中落种、发芽、生根、成长。从国内外文献的梳理和数学教育的研究中，就会发现培养具有数学素质的合格公民成为数学教育改革的共同目标，而且学生数学素质水平成为国际大型教育组织评价各国教育的状况的重要指标之一。仅仅注重解题训练来提高学生数学知识的传统数学教学越来越受到来自不同领域的挑战。如美国数学家 R. 柯朗在《数学是什么》中指出的：“两千多年来，人们一直认为每个受教育者都必须具备一定的数学知识。但是今天，数学教育的传统地位却陷入了严重的危机之中。而且遗憾的是，数学工作者却要对此负一定的责任的。数学教学有时竟演变成空洞的解题训练。解题训练虽然可以提高形式推导的能力，但却不能导致真正的理解与深入的独立思考。相反，那些醒悟到培养思维能力的重要性的人，必然采取完全不同的做法，即更加重视和加强数学教学。教师、学生和一般受过教育的人都要求数学家有一个建设性的改造，而不是听任其流，其目的是要真正理解数学是一个有机的整体，是科学思考与行动的基础。”著名数学家丁石孙指出：“使每个人都能受到良好的数学教育，这是远远没能解决的问题。在某种意义上讲，这是个世界性问题。如果把这个问题局限于研究每个人应该掌握哪些数学知识和技能，以及如何把这些东西教好，那么数学教育的问题是解决不好的。更为根本的问题是弄清楚数学在整个教育中的地位与重要性，或者说得更为广泛些，就是要弄清楚数学在整个科学文化中的地位和重要性。”有学者认为：“要学好数学，不等于拼命做习题、背公式，而是着重领会数学的思想方法和精神实质，了解数学在人类文明中所起的关键作用，自觉地接受数学文化的熏陶。只有这样才能从根本上体现素质教育的要求，并为全民思想文化素质的提高夯实基础。”数学素质生成的教学强调，在数学教学中，从学生已有的数学活动经验出发，面向全体学生，在数学活动中关注学生的体验、感悟、反思和在真实情境问题中的表现，激发了学生学习的积极性、主动性和自主性，全面体现了素质教育思想。所以，在数学教育中要关注学生数学素质的生成，只有关注数学素质的生成，才会使素质教育思想在数学教育中实施和落脚。

（二）数学素质的内涵与构成要素是数学素质培养的着眼点

通过梳理和分析国内外关于数学素质的定义及其构成要素的分析框架，结合我国数学教育的认识得出数学素质具有境域性、个体性、综合性、生成性和外显性等特征。数学素质可以表述为：主体在已有数学经验的基础上，在数学活动中通过对数学的体验、感悟和反思，并在真实情境中表现出的一种综合性特征。结合数学的广泛需求、彼得斯的“受过教育的人”的特征、数学课程标准与数学素质关系、国内外数学素质的分析框架以及我国国家科学素质框架，提出数学素质应该包括数学知识、数学应用、数学思想方法、数学的思维以及数学精神五要素，其中数学知识素质是数学的本体性素质，数学应用、数学精神、数学的思维以及数学思想方法素质是数学知识的拓展性素质。这一表述明确了数学素质教学的出发点、数学素质的教学过程以及数学素质的教学评价的问题。而且数学素质的内涵蕴涵了当前数学教育中的四维目标（知识与技能、数学思考、解决问题、情感与态度）。

（三）数学素质的生成机制是数学素质培养的立足点

数学素质的生成具有过程性、超越性、主体性等特征。从教育学的角度，对数学素质的生成的基础、外部环境、载体、环节、生成标志等构成数学素质生成的机制的几个方面进行了系统分析。数学素质生成的基础和源泉是主体已有的数学活动经验；数学素质强调学生在真实情境中的表现，真实情境必然是数学素质教学生成的外部环境；数学素质生成以数学活动为载体；数学素质生成依

赖于主体对数学的体验、感悟、反思和表现等环节；数学素质生成最终标志是个体成为数学文化人。这是数学素质生成的教学立足点。

（四）数学素质的现状和影响因素是数学素质培养的切入点

我国学生的数学素质教学状况：从数学素质的整体性来看，注重数学知识的教学，忽视学生数学素质的全面提升；从数学素质的涉及的情境来看，注重数学知识与技能的常规应用，忽视在具有真实的、多样化的、开放性问题情境中的应用；从数学素质的生成过程来看，注重数学问题的解决，忽视学生对问题解决以及对数学的体验、感悟、反思和表现能力的引领；从数学素质生成的课程资源来看，注重课堂教学，忽视社会生活中应用数学的引领。所以，数学素质的生成的教学必须从我国学生的数学素质现状和相关影响因素切入。

（五）培养数学素质的教学策略是数学素质培养的出发点

基于数学素质生成机制和数学素质的现状、数学素质生成的影响因素以及教学策略的特征，初步构建了数学素质培养的教学策略：即以具有真实情境的问题为驱动，注重数学素质不同层面的生成；以多样化的数学活动为载体，引领学生的体验、感悟、反思和表现；以转变师生关系为手段，调适教师的帮助和学生的自主；以数学在现实生活中的应用为依托，开发从教材走向社会生活的教学资源；以真实的、多样化的、开放性的情境问题为工具，激发和引导学生数学素质的表现。实践表明，数学素质生成的教学策略对学生数学素质的培养具有显著的影响。所以，数学素质培养的教学必须从数学素质的教学策略着手。

第六章　数学应用素质的培养

第一节　数学应用意识概述

一、数学应用意识的界定

（一）意识的含义

“意识是心理反映的最高形式，是人所特有的心理现象。”但心理学家对意识至今尚无一个统一的定义。引用我国心理学教授潘菽对意识所下的定义，他认为意识就是认识。具体地说，一个人在某一时刻的意识就是这个人在那个时刻在生活实践中对某些客观事物的感觉、知觉、想象和思维等的全部认识活动。如果只有感觉和知觉而没有思维方面的认识活动，那就不会有意识。例如，我们听到了呼唤声，此时在心理上可能会有两种反应。一是我们只是听到了一种声音，由于当时正集中精力从事某种工作，并未理会是一种什么声音，因而可能“听而不闻”。另一种情况是，我们不仅听到了声音，而且知道是对自己的呼唤，并且做出相应的应答反应。在前一种情况下，虽然有某种感觉产生，但不能说有意识。只有在第二种情况下，才能够说我们是有意识的。

（二）数学应用意识的内涵

数学应用意识即一种认知活动，是个体自觉地以数学视角看世界、分析问题，运用数学术语和思想解答各类实际难题的倾向性。这种意识源自对数学基础性特征及实用价值的理解，习惯于运用相应的数学知识和方法来求解实际问题，彰显运用数学思维解决问题的主动性。《普通高校数学课程标准（实验）》对此进行了详尽解释，主要涵盖以下　三个方面：

（1）数学产生及发展过程中，数学与现实生活紧密相连。数学作为推动当今信息社会和科技进步的关键力量，已广泛适用于各行业。唯有学生真正理解数学源于日常生活，才能领悟到数学知识在现实世界中的广阔用途，进而激发学习热情并主动运用所学数学知识及方法来解决实际问题。

（2）面对实问题，个人应具备主动尝试运用已学数学知识和方法，寻找解决策略的能力。现实生活中隐藏在众多现象和问题背后的数学规律，需要我们运用数学思想去挖掘和探究。若没有应用数学意识，则易忽视这类问题。例如，对于简单的异质硬币落地随机现象，如个人不主动从数学角度揭示其规律，则难以直接了解到硬币正面朝上和反面朝上的几率相等。因此，面对真实问题时个体能否积极地借助数学思维，手段和工具来寻找解决问题的途径，是衡量是否具备数学应用意识的重要标志。

（3）面临新数学知识点时，需自行探寻其实际应用背景及其价值。尽管许多教育工作者在教授新知识时常附带提供实例，使学生感到数学来自于生活，然而这仅是开始。如果仅依赖于教师提供的现有情境，学生仍然无法发掘出所学知识与现实生活更深层次的关联，更无法感染到新知识的实践价值，这无疑阻碍了应用意识的建立。因此，鼓励学生主动研究数学知识的实际背景，是提高其应用意识的重要步骤。

事实上，现代生活中处处充满着数学，如天气预报中出现的降水概率，日常生活中的购物、购房，股票交易、参加保险等投资活动中所采取的方案策略，外出旅游中的路线选择，房屋的装修设计和装修费用的估算等等都与数学有着密切的联系。培养学生具有较强的数学应用意识，不仅要使他们在面对实际问题时，能主动尝试着从数学的角度，运用所学的知识和方法寻求解决问题的策略，而且在面对新的数学知识时，能主动寻找其实际背景，并探索其应用价值。

二、培养学生数学应用意识的必要性

（一）改善数学教育现状的需要

我国的数学教育在培养社会所需的人才方面有重要的作用，如教育关注学生的智力发展，数学科学就显出了其他自然科学无法比拟的优势。“数学是思维的体操”、“数学是智力的磨砺石”已得到大家的公认。但是我国目前的数学教育现状已不能适应人才市场的需求，主要反映在课程安排片面强调学科的传统体系，忽视相关学科的综合和创新，教学模式陈旧，课程内容缺少与“生活经验、社会实际”的联系，没有很好地体现数学的背景和应用；教学过程中重知识灌输，轻实践能力的状况仍很普遍，对学生应用能力的培养以及创新精神、创业能力的培养重视不够。1996 年 7 月 1 日，在西班牙古城塞尔维亚市举行的第八届国际数学教育大会上，国外人士对我国数学教育的评论如下：“中国取得数学教育的成绩花费了太高的代价，中国学生在考试中表现良好，但忽视创造性能力和应用能力的培养，缺乏个性发展的导向，代价似乎太大。”这恰恰指出了中国学生数学学习的症结：强于基础，弱于创造；强于答卷，弱于动手。造成这种情况的原因有多方面，其中有一点就是人们对数学价值的认识太过单一，至今还有很多人只把数学看做是一种逻辑思维。

数学意识是判断一个学生是否具备数学素质的首要条件，它从本质上包含学生应用数学的意识，而这恰恰是我国数学教育在应试体制下长期被忽视的。因此，我们的数学教师必须有一种危机感，在教学中应切实贯彻培养学生应用意识的教育目标。

（二）适应数学内涵的变革

20 世纪以前，从古希腊开始，纯粹数学一直占据数学科学的核心地位，它主要研究事物的量的关系和空间形式，以追求概念的抽象与严谨、命题的简洁与完美作为数学真谛。在很长一段时间里，人们普遍认为，只有纯粹数学的概念和演绎法才是对客观世界真理的一种强有力的揭示，是认识世界的工具。而应用数学主要是指从自然现象、社会现象等的研究中产生并着眼于直接解决实际问题的数学，如最优化理论、应用统计等学科。20 世纪以后，这种状况发生了根本改变，数学以空前的广度与深度向其他科学技术和人类知识领域渗透，再加上电子计算机的推波助澜，使得数学的应用突破了传统的范围，正在向包括从粒子物理到生命科学、从航空技术到地质勘探在内的一切科技领域进军，乃至向人类几乎所有的知识领域渗透。这一切都证明数学本身的性质正在经历一场脱胎换骨的变革，人们对“数学是什么”有了重新的认识，即从某种意义上说，数学的抽象性、逻辑性是对数学内部而言的，数学的应用性是对数学外部而言的。人类认识与理解宇宙世界的变化，显然应该从同一核心出发向两个方向（数学的内部和数学的外部）前进。因此，数学教育应该增强数学应用，培养学生的应用意识，改变数学教育只重视数学内部发展需要的倾向。

（三）促进建构主义学习观的形成

建构主义学习观认为，数学学习并非是对外部信息的被动接受，而是一个以学习者已有的知识与经验为基础的主动建构的过程。建构理论强调认识主体内在的思维建构活动，与素质教育重视人的发展是相一致的。现今的数学教育改革，以建构主义理论为指导，强调数学学习的主动性、建构性、累积性、顺应性和社会性。其中前四条性质受认知主体影响较大，而社会性是指主体的建构活动必然要受到外部环境的制约和影响，特别是受学生生活的社会环境的影响。随着科学技术的飞速发展，学生的生活环境、社会环境与过去相比发生了较大的变化。科学技术的发展使学生的生活质量普遍提高，同时，报纸、杂志、电视、广播及计算机网络等多种大众传媒的普及，扩大了学生获得信息的渠道，开阔了学生的视野，丰富了学生的经验和文化。因此，数学教育的改革不应忽视这些对学生发展的重要影响。

数学的发展，特别是应用数学的发展，使我们感受到数学与现实生活存在着紧密的联系，从诸如计划长途旅行之类的日常家务事，到诸如投资业务之类的重大项目管理，再到科学中各种各样的数据、测量、观测资料等，都可以使学生领略到数学的应用，它虽然不像化学中的分子或生物学中的细胞那样生动，但是作为数、形、算法和变化的科学，它同样对人类具有重要意义。因此，在数学教学中适当增加数学在实际中应用的内容，有利于激发学生的学习动机，提高他们学习的主动性和积极性。学生通过对现实生活中现象与事物的观察、试验、归纳、类比以及概括等手段来积累学习数学的事实材料，并由事实材料中抽象出概念体系，进而建立起对数学理论的认识，当然其中也经历了数学理论是如何应用的过程。这样的学习过程，才符合建构主义对学习的认识。

（四）推动我国数学应用教育的进展

我国数学应用教育的发展在历史上经历了一波三折。原来的大纲虽然在一定程度上反映出要重视数学应用的思想，但实际上还是把着眼点放在“三大能力”上，特别是逻辑思维能力。当前，我国正处在以经济建设为中心，建立社会主义市场经济体制的历史时期，世界经济将从工业经济过渡到知识经济，人类已经进入信息时代。随着社会对数学需求的变化，数学应用教育对学生培养的侧重点也有所改变。因此，帮助广大接受数学教育的人员在学习数学知识和技能的同时，树立起数学的应用意识是数学教育改革的宗旨。正如严士健教授所说：“学数学不是只为升学，要让他们认识到数学本身是有用的，让他们碰到问题能想一想：能否用数学解决问题，即应培养学生的应用意识，无应用本领也要有应用意识，有无应用意识是不一样的，有意识遇到问题就会想办法，工具不够就去查。所以要让学生像足球队员上场一样，具有‘射门意识’。”新一轮数学课程改革已把“发展学生数学应用意识”作为培养理念和总体目标，这就为我国数学应用教育的发展提供了新契机，也将大力推动我国数学应用教育的进展。

第二节 影响数学应用意识培养的因素剖析

一、教师的数学观

很多研究表明，课程与教材的内容、教育思想等会影响教师的数学观，而教师的数学观又与教师的课程教学有着密切的联系。教师不同的数学观会营造出不同的学习环境，从而影响学生的数学观以及学习结果。传统数学教师的数学观把数学看成是一个与逻辑有关的、有严谨体系的、关于图形和数量的精确运算的一门学科，于是学生所体验到的是数学乃是一大堆法则的集合，数学问题的解决便是选择适当的法则代入，然后得出答案。尽管教师几乎一致强调数学与社会实践以及与日常生活之间的联系，却把在日常生活中有广泛应用的数学如估算、记录、观察、数学决定等方面看成是与数学无关的。

教师在教学实践中对数学应用的理解，存在以下几种认识，如将数学应用等同于会解数学应用题；把数学应用固化为一种绝对的静态的模式；数学应用的教学抛开“双基”让学生去模仿，记忆各种应用题模型。事实上，数学应用题是实际问题经过抽象提炼、形式化、重新处理以后而得出的带有明显特殊性的数学问题，它仅仅是学生了解数学应用的一个窗口，是数学应用的一个阶段。如果把数学应用囿于让学生学会解决各种类型的数学应用题，数学应用将会沦落为一种僵化的解题训练，从而失去鲜活的色彩。应该清楚地认识到，对于同一个问题，应用不同的数学知识和方法可能得出不同的结论，从数学观点来看它们都是正确的，哪一个更符合实际要靠实践检验，它是一个可控的、动态的思维过程。因此，我们强调数学应用，绝不是搞实用主义，忽视数学知识的学习，而是注重在应用中学，在学中应用，体现数学“源于生活，寓于生活，用于生活”的数学观。教师之所以会对数学应用存在这样的片面认识，其中一个因素是源于教师所持有的静态的、绝对主义的数学观和工具主义的数学观。

二、学生的数学观

先看这样一组统计资料：

——约有 1/3 的学生认为数学就是计算，解题就是为了求出正确答案；

——不少学生只有在课堂和考试时才感觉数学有用，离开了教室和考场就感觉不到数学的存在；

——理科成绩优秀的学生超过半数不愿到数学专业或与数学有着密切关系的专业学习，甚至一些全国高校数学联赛的获奖者也毅然放弃被保送到高校学习数学的机会 。

上述种种现象表明，学生对数学的理解和看法具有简单性和消极性，他们的数学观是不完善的，有其片面性。具有这样认识的学生很难说他们具有良好的数学应用意识。

一般地，数学观是人们对数学的本质、数学思想及数学与周围世界的联系的根本看法和认识。有什么样的世界观就会有什么样的方法论。一个人的数学观支配着他从事数学活动的方式，决定着他用数学处理实际问题的能力，影响着他对数学乃至整个世界的看法。因此，关注学生现有数学观的状况，是为了让教师认识到，从建立学生良好数学观角度出发来设计教学活动，才能谈得上对学生数学应用意识的培养。高等院校的学生至少应具备如下的数学观：数学与客观世界有密切的联系；数学有广泛的应用；数学是一门反映理性主义、思维方法、美学思想并通过数与形的研究揭示客观世界和谐美、统一美的规律的学科；数学是在探索、发现的过程中不断发展变化的并在学习数学过程中包含尝试、错误、改正与改进的一门学科。

对学生形成现有的数学观的原因可作如下分析：“把数学等同于计算。”在我国数学史上，算术和代数的成果比几何要多，即便是几何研究，也偏重于计算。反映在教材上，无论是小学教材，还是中学教材，亦或是大学教材，数学计算内容远多于数学证明内容。

“把数学看成一堆概念和法则的集合。”教师在教学中精讲多练的方式，把注意力更多地放在做题上；复习课本应帮学生理清所学的知识结构，却换成难题讲解。久而久之，学生看不到或很少看到概念与概念之间、法则与法则之间、概念与法则之间、章节之间、科目之间所存在着的深刻的内在联系，从而存在上述误解，学生也就难以体会到数学的威力、魅力和价值。

“对数学问题的观念呆板化。”现有资料给学生提供的数学问题，如教科书上的练习题、复习题、或者考试题，都是常规的数学题，都有确定的或唯一的答案，应用题则较少遇到，即使遇到也已经过教师的解剖转化为可识别的或固定的一种题型。

“看不到或很少看到活生生的数学问题。”现实生活中存在着丰富多彩的与数学相关的问题，然而由于各种原因，使得它们与学生的数学世界隔离，多数学生对这些问题认识肤浅，甚至没有认识，从而严重削弱了学生数学应用意识的形成。

三、数学教材和教学

（一）教材因素

传统的数学教材体系陈旧。20 世纪初，中国数学教学受“中学为体，西学为用”的影响，仿照日本；五四运动后，向欧美学习；新中国成立以后，学习前苏联。到了 20 世纪 90 年代，基本模式还是 60 年代的思路，许多方面已不适应时代要求和社会发展了。教材结构“过于严谨”，体系“过于封闭”，内容“过于抽象”。

现行的数学教材，从微观上看，首先是教材中应用题比例过小；其次，教材中现有应用题内容陈旧，非数学的背景材料比较简单，数学结构浅显易见，数学化很直接；再者，现有应用题大多与现实生活无关，与社会发展不同步，不能体现数学在现代生活诸方面的广泛应用。总之，教材中数学的表现形式严谨、抽象，与生活相距太远，即便是少数含有生活背景的数学应用题，经过“数学化”加工，已与现实生活不太贴近，很难体现“数学应用”的真实状态，即源于生活，寓于生活，用于生活，从而不利于学生数学应用意识的形成。

（二）教学因素

受应试教育或其他方面的影响，传统的数学教育既不讲数学是怎么来的，也不讲数学怎么用，而是“掐头去尾烧中段”——推理演算。教学方法过去主要是“注入式”，现在提倡并部分实施启发式，也不过是精讲多练；教学中强调数学概念的理解以及数学定理、公式的证明和推导，对各种题型进行一招一式的训练，注重学生的记忆和模仿，而忽视从实际出发；对于实际问题的解决，则是通过抽象概括建立数学模型，再通过对模型的分析研究返回到实际问题中去的认识问题和解决问题的训练；对应用题教学，忽视有计划、有针对性的训练，不能把应用意识的培养落实到平时的教学及其每一个环节之中。

任何数学知识都有其发生和发展的过程，教学过程中的“掐头去尾”实际上是剥夺了学生对“数学真实面”理解的机会，对数学的认识势必狭隘、片面。题型的训练短期内会取得一定的效果，但长期如此，学生很难体会到学习数学真正有用的东西——数学思想方法。这种教学只能将学生培养成为考试的“工具”，不可能培养学生具有强烈的数学应用意识。

第三节　培养学生数学应用意识的教学策略

一、教师要确立正确的数学观

前面探讨了影响培养学生数学应用意识的因素，从表面上看，教师对数学应用认识的误区，学生对数学应用的片面认识，以及教材、传统教学的不足等成为教学实践中培养学生数学应用意识的障碍。然而，如果从数学认识的角度出发看这些原因，不难发现矛盾集中在教师对数学的认识上。若教师持有的是静态的数学观，则对“数学应用”的认识将存在明显的不足，在这种数学观指导下设计的有关数学应用的教学活动，就不能很好地达到培养学生数学应用意识的目的。

数学课程改革不仅在总体目标上确立“发展学生的应用意识”，同时，也指出了学生在数学学习中应形成对数学的正确认识，特别是数学现代应用发展表现出的基本特点。《全日制义务教育数学课程标准（实验稿）》对数学的基本特点作了如下的描述：“数学是人们生活、劳动和学习必不可少的工具，能够帮助人们处理数据、进行计算、推理和证明，数学模型可以有效地描述自然现象和社会现象；数学为其他科学提供了语言、思想和方法，是一切重大技术发展的基础；数学在提高人的推理能力、抽象能力、想象力和创造力等方面有着特殊作用；数学是人类的一种文化，它的内容、思想、方法和语言是现代文明的重要组成部分。”这些都体现出对数学认识的动态性本质。

学生的数学观是在数学学习的活动中体验和形成的，受教育的各种因素的影响和作用，其中主要影响因素是课堂教学中教师的数学观。教师的数学观是教师数学教育活动的灵魂，它不仅影响着学生数学观的形成，还影响着教师教育观的重构及教师的教育态度和教育行为，进而影响教育的效果。如果教师认为数学是“计算+推理”的科学，那么他在教学中就会严守数学知识本身的逻辑体系，只会更多地注重数学知识的传授，强调运算能力、逻辑思维能力和空间想象能力的培养，而不去关心数学知识的学习过程及数学应用问题。

是否应该强调数学应用，如何讲数学应用，这里有个观念问题。我国历来就是重视理论联系实际的，数学教材里也设置了一定数量的实际应用题。但在教学实践中却出现了为抓升学率或应付考试而只把它们当做专项题型来练的现象。如果教师应用意识强，那么讲课之中就总能渗透着数学的应用，体现出数学与现实世界的密切联系。因此，只要数学观念问题不解决，即便是讲应用，也并非能突出数学精神。数学应用不应局限在给出数据去套公式那种意义下的应用，它应该包含知识、方法、思想的应用及数学的应用意识。严士健教授指出："教给学生重视应用，不仅是教给学生一种技能，而且有助于培养学生正确认识数学乃至科学的发展道路，认识它们从根本上来说源于实践，同时又发展了自己的独立理论。它们是人类认识世界和改造世界的工具。数学教学内容是人民群众的基本节化素养的一部分，应该让学生具有这种认识。它不仅能培养学生正确的世界观，而且具有非常重要的实际意义。"在这样的观念下，有必要认识与数学应用相关的几个问题：

（一）允许非形式化

形式化是数学的基本特征，即应在数学教学中努力体现数学的严谨化推理和演绎化证明。然而从每一个数学概念的建立，每一个定理的发现，非形式化手段都必不可少。但由于人们看到的通常都是数学成果，它们主要表现为逻辑推理，却往往忽视了创造的艰难历程以及使用的非逻辑、非理性的手段。再加上传统教学"掐头去尾烧中段"的特点，恰好忽略了过程，忽略了有关实验、直观推理、形象思维等方面的体验，造成学生对数学只知其一不知其二的认识。在数学的实际应用中，处理的具体问题往往以"非形式化"的方式呈现。如何正确地处理好形式化与非形式化的关系即应被看做数学活动的本质所在。培养学生的数学应用意识，把形式化看成数学的灵魂这一观念必须改变。应正确理解数学理论即形式化的理论事实上只是相应的数学活动的最终产物。数学活动本身必然包含非形式化的成分。这样在数学概念教学中，就应考虑概念直观背景的陈述以及数学直觉的应用。"不要把生动活泼的观念淹没在形式演绎的海洋里。""非形式化的数学也是数学"，数学教学要从实际出发，从问题出发，开展知识的讲述，最后落实到应用。

（二）强调数学精神、思想、观念的应用

教学中讲数学的应用，侧重于把数学作为工具用于解决那些可数学化的实际问题，事实上，数学中所蕴涵的组织化精神、统一建设精神、定量化思想、函数思想、系统观念、

试验、猜测、模型化、合情推理、系统分析等，都在人们的社会活动中有着广泛的应用。对数学应用的正确认识，必然包括一点：数学应用不是“应用数学”，也不是“应用数学的应用”；不是“数学应用题”，也不是简单的“理论联系实际”；而是一种通识、一种观点、一种意识、一种态度、一种能力，包括运用数学的语言、数学的结论、数学的思想、数学的方法、数学的观念、数学的精神等。

如何在数学应用问题的教学中显示出数学活动的特征，教师的数学观就显得尤为重要。如果教师对数学有以下认识，“数学的主要内容是运算”；“数学是有组织的、封闭的演绎体系，其中包含有相互联系的各种结构与真理”；“数学是一个工具箱，有各种事实、规则与技能累积而成，数学是一些互不相关但都有用的规则与事实的集合”。那么任何生动活泼的数学都会变成静态的解题题型训练。无论是“问题解决”、“数学建模”还是“数学竞赛”，“数学应用”必然如此。为了应付考试的数学应用题教学有些已变成题型教学。如果教师能认识到，“数学是以问题为主导和核心的一个连续发展的学科，在发展过程中，生成各种模式，并提取成为知识”。“数学是一门科学，观察、实验、发现和猜想等是数学的重要实践，尝试和试误、度量和分类是常用的数学技巧”。那么就不难理解数学应用意识的培养不是讲几道应用题就能实现的。教师应注意加强数学与现实世界的密切联系，使学生经历数学化和数学建模这些生动的数学活动过程，这也将会让学生对数学的认识大大改观。

“鸡兔同笼”是中国古代著名趣题之一。大约在1500年前，《孙子算经》中就记载了这个有趣的问题。书中是这样叙述的：“今有雉兔同笼，上有三十五头，下有九十四足，问雉兔各几何？”这四句话的意思是：有若干只鸡兔同在一个笼子里，从上面数，有35个头；从下面数，有94只脚。问笼中各有几只鸡和兔？美国宾夕法尼亚州立大学教授杨忠道先生1988年撰文回忆，他小学四年级时的数学教师黄仲迪先生是如何讲授此题的，并认为黄先生讲解的“鸡兔同笼”的题激起了他本人对数学的兴趣，认为是他数学工作的起点。黄先生讲解此题不是给人以结论，求鸡兔个数的公式，而是着重于获得结论的过程，引导学生在获得结论的过程中的观察、分析、思考。公式是一个模式，是一个静态的模式，它能解决一种问题，比如此例中的“鸡兔同笼”问题，却是一种静态的应用；而获得结论过程中的观察、分析、思考形成了一种模式，它可解决一类更广泛的问题，如鸡和九头鸟同笼问题，甲鱼和螃蟹同池塘问题。两者一比，就显出了前者的局限性，而目前的教学正缺乏后者，这与教师的静态的数学观不无关系。

综上所述，从数学应用的实际教学及学生形成的数学观来分析，教师静态的、工具主义的数学观指导下设计的教学有碍于学生应用意识的培养，动态的、文化主义的数学观应受到教师的重视，并努力应用到教学中来指导培养学生应用意识的教学观念。同时，必须把握一点：数学应用不仅是目的，它也是手段，是实现数学教育其他目的不可或缺的重要手段，是提高学生全面素质的有效手段，学生在应用中建构数学、理解数学；在应用中进行价值选择，增强爱国主义情感；在应用中学会创新，求得发展。

二、加强数学语言教学，提高学生的阅读理解能力

数学阅读乃完整的心智活动过程，涵盖语义识别与解读、新理念的融合及调适以及阅读内容的理解与记忆等多元要素，且始终为一种积极主动、思辨激昂的认知过程。此过程即涵盖了信息筛选、加工处理、重构整合、提炼抽象和概括等丰富环节。鉴于数学语言的极度抽象性，要求中学生具备扎实的逻辑思维能力。阅读期间，需善于掌握阅读材料中的数学术语和符号，以及各类数学原理用以剖析其间的逻辑联系，从而深度领悟材料内涵，构造完整的认知体系。应用题的文字表述通常冗长繁琐，涵盖众多知识点。正因如此，理解题意便成了解答应用题的首要之难，许多同学正是因为未能完整、准确理解题意而功败垂成。因此可以采取以下措施：首先提升学生处理数据和信息的敏感度以及把握问题结构的技巧，把实际问题转化为数学问题，再利用数学知识和方法加以解答。其次，提升阅读理解能力。实践中，告知学子应悉心、缜密审视阅读材料，长句交汇处，在关键信息和数据处作标记以助分析；务必明确每个词汇与概念定义，解读每一条件与结论的数学含义，深度挖掘实际问题在求解结果时的潜在约束等隐藏线索。在此过程中，适度简化问题表述，以精准且数学化的语言翻译部分语句，使题目表达更为明晰、简洁。

三、数学应用意识教学应体现“数学教学是数学活动的教学”

从数学的本质来看，数学是人类的一种创造性活动，是人类寻求对外部物质世界与内部精神世界的一种理解模式，是关于模式与秩序的科学。传统的教学，按严密的逻辑方式展开，使数学成为一堆僵化的原则，绝对和封闭的规则体系。这仅仅反映了数学是关于秩序的科学的一面，而数学更是关于模式的科学，是一门充满探索的、动态的、渐进的思维活动的科学。

教学实践中要体现“数学教学是数学活动的教学”，则应把握“数学是一门模式的科

学”这一数学本质。具体体现在两方面：一是数学活动是学生经历数学化过程的活动。数学活动就是学生学习数学，探索、掌握和应用数学知识的活动。简单地说，在数学活动中要有数学思考的含量，数学活动不是一般的活动，而是让学生经历数学化过程的活动。数学化是指学习者从自己的数学现实出发，经过自己的思考，得出有关数学结论的过程。二是数学活动是学生自己建构数学知识的活动。从建构主义角度看，数学学习是指学生自己建构数学知识的活动，在数学活动过程中，学生与教材（文本）及教师产生交互作用，形成了数学知识、技能和能力，发展了情感态度和思维品质。每位数学教师都必须深刻认识到，是学生在学数学，学生应当成为主动探索知识的“建构者”，绝不只是模仿者。不懂得学生能建构自己的数学知识结构，不考虑学生作为主体的教，就不会有好的教学结果。

“数学应用”指运用数学知识、数学方法和数学思想来分析研究客观世界的种种表象，并加工整理和获得解决的过程。从广义上讲，学生的数学活动中必然包含着数学的应用。数学应用体现在两个主要方面：一个方面是数学的内部应用，即我们平常的数学基础知识系统的学习；另一方面是数学的外部应用，即在生活、生产、科研实际问题中的应用。认识了这个问题可以避免在教学中对数学应用出现极端的行为，因为在实际教学中，这两方面的应用都是需要的。数学应用不能等同于“应用数学”，要让学生学会“用数学于现实世界”。要改变目前教学中只讲概念、定义、定理、公式及命题的纯形式化数学的现象，还原数学概念、定理、命题产生及发展的全过程，体现数学思维活动的教学的思想。只有认清这一点，才能在高等数学教育中培养学生的应用意识和能力。

为了使学生经历应用数学的过程，数学教学应努力体现“从问题情境出发，建立模型，寻求结论，应用于推广”的基本过程。针对这一要求，教师应根据学生的认知特点和知识水平，不同学段都要做出这样的安排，使学生认识到数学与现实世界的联系，通过观察、操作、思考、交流等一系列活动逐步发展应用意识，形成初步的实践能力。这个过程的基本思路是：以比较现实的、有趣的或与学生已有知识相联系的问题引起学生的讨论，在解决问题的过程中，出现新的知识点或有待于形成的技能，学生带着明确的解决问题的目的去了解新知识，形成新技能，反过来解决原先的问题。学生在这个过程中体会数学的整体性，体验策略的多样化，强化了数学应用意识，从而提高解决问题的能力。

比如，“用正方形的纸折出一个无盖的长方体，使其体积最大”这一问题，从学生熟悉的折纸活动开始，进而通过操作、抽象分析和交流，形成问题的代数表达；再通过搜集有关数据，以及对不同数据的归纳，猜测“体积变化与边长变化之间的联系；”最终，通过交流与验证等活动，获得问题的解，并对求解的过程进行反思。在这个过程中，学生体会到“图形的展开与折叠”，“字母表示”，“制作与分析统计图表”等方面知识的联系与综合应用。

在实际教学中，我们应注意以下几点：

第一，切实进行思维全过程、问题解决全过程的教学。从现实背景出发引入新的知识，需要教师讲清知识的来龙去脉，让学生经历发现问题，从数学角度分析问题并探索解决的途径，验证并应用所得结论的全过程，切忌由教师全盘端出。

第二，不能简单把“由实际问题引入数学概念”看做只是“引入数学教学的一种方式”，而应站在数学应用的高度，将它视为实际问题数学地思考的训练，即把现实问题数学化的过程。

第三，对于数学理论的应用，不能简单地认为其目的只是加深对理论的理解和掌握，而要站在数学应用的高度来认识，其着眼点在于对数学结果的解释与讨论，对用数学解决实际问题的意义和作用的分析。

第四，加强数学应用的教学，教师设计教学时，还应遵循如下原则。

（1）可行性原则。数学应用的教学应与学生所学的数学知识相配合，与现行教材有机结合，与教学要求相符合，与课堂教学进度相一致，不可随意加深、拓宽，形成两套体系教学，加大学生的学习负担，脱离学生的实际，所以要把握好“切入点”，引导学生在学中用，在用中学。

（2）循序渐进原则。数学应用的教学应考虑学生的认知特点和实际水平，不同学段的学生在数学应用的过程中有不同的侧重，由浅入深，以利于排除学生畏惧数学应用的心理障碍，调动学生的学习积极性，使数学应用教学收到良好的效果。例如，对处于感知和操作阶段的学生，教学中应以学生熟悉的生活、感兴趣的事物为背景提供观察和操作的机会；对已经开始能够理解和表达简单事物的性质、能领会事物之间简单关系的学生，教学中应在结合实际问题时，加强体验数学知识之间的联系，进一步让学生感受数学与现实生活的密切联系；对抽象思维已有一定程度的发展且具有初步推理能力的学生，教学中应更多地运用符号、表达式、图表等数学语言，联系数学以及其他学科的知识，在比较抽象的水平上提出数学问题，加深和扩展学生对数学的理解。

（3）适度性原则。在数学应用的实际教学中应掌握好几个度（难度、深度、量度），避免超度。进行数学应用教学的目的并不是仅仅为了给学生扩充大量的数学课外知识，也不是仅仅为了解决一些具体问题，而是要培养学生的数学应用意识，培养学生的数学素质和数学能力。

四、激发学生学习数学的兴趣，提高学生的数学应用意识

学生对数学的内在兴趣，是学习数学的强大动力。爱因斯坦说过："兴趣是最好的老师，它永远胜过责任感。"只有当学生对数学产生了浓厚的兴趣，思维达到"兴奋点"，他们才会积极主动地去探究数学问题，带着愉悦、激昂的情绪去面对和克服一切困难，去比较、分析、探索认识对象的发展规律，展现自己的智能和才干。也只有充分发挥主体的能动作用，才能在数学学习中提高学生的应用意识。在具体的教学中，可采用如下的方法：

（一）创设数学情境

教师应尽量通过给学生提供有趣的、现实的、有意义的和富有挑战性的感性材料创设数学情境，引导学生从中发现问题、提出问题，并在"问题"的驱使下主动探索。数学情境也是促进学生建构良好的认知结构的推动力。

1. 用实际问题引入新课

在课堂教学中，经常用实际问题引入新课，既能避免平铺直叙之弊，又能提高学生的应用意识。同时，也给学生提供一个引人入胜，新奇不绝的学习情境，激发他们对新知的探究热情。如讲授"微分学的应用"之前，可运用"海鲜店李经理的订货难题"这样的实际问题引入新课。

某海鲜店离海港较远，其全部海鲜的采购均通过空运实现。采购部李经理每次都为订货发愁，因为若一次订货太多，海鲜店所采购的海鲜卖不出去，而卖不出去的海鲜死亡率高且保鲜费用也高。而若一次订货太少，则一个月内订货批次必多，这样会造成订货采购运输费用奇高，还有可能失去一些商机。

李经理为此伤透了脑筋，如果你是李经理的助手，请问你打算怎样帮助他选择订货批量，才能使每月的库存费与订货采购运输费的总和最小。

2. 例题、习题教学中引入丰富的生活情境

弗赖登塔尔的"现实数学"思想认为：数学来源于现实，也必须扎根于现实，并且应用于现实，数学教育如果脱离了那些丰富多彩而又复杂的背景材料，就将成为"无源之

水，无本之木”，在例题与习题教学中，教师应根据学生的生活经验，创设逼真的、丰富的生活情境，让学生徜徉在数学知识运用于真实生活的境域之中，从而激发他们浓厚的兴趣，吸引他们更加主动地投入课堂，将更加有利于学生数学应用意识的培养。

3. 创设实验操作的探究情境

教材上一些命题的教学，教师可通过有目的地向学生提供一些研究素材来创设情境，让学生通过自己的观察、实验、作图、运算等实践活动，通过类比、分析、归纳等思维活动，探索规律，建立猜想，然后通过严格的逻辑论证，得到概念、定理、法则、公式等。让学生经历运用数学知识解决问题的成功体验，将会极大地激发他们的学习兴趣，从而有利于培养他们的数学应用意识。

（二）引导学生感受数学应用价值

在数学教学中，教师既应关注学生对于数学基础知识、基本技能以及数学思想方法的掌握，还应该帮助学生拓宽视野，了解数学对于人类发展的价值，特别是它的应用价值，让学生既有知识又有见识。由于数学与现代科技的发展使得数学的应用领域不断扩展，其不可忽视的作用被越来越多的人所认同。除了工程核物理和化学外，环境科学、神经生理学、DNA 模拟、蛋白质工程、临床实验、流行病学、CT 技术、高清晰度电视、飞机设计、市场预测等领域都需要数学的支持。让学生了解数学的广泛应用，既可以帮助学生了解数学的发展，体会数学的应用价值，激发学生学好数学的勇气和信心，更可以帮助学生领悟数学知识的应用过程。在实际教学中，教师既可以自己搜集有关资料并介绍给学生，也可以鼓励学生自己通过多种渠道搜集数学知识应用的具体案例，并相互交流，增进学习数学的兴趣，提高数学应用意识。

五、重视课堂教学，逐步培养学生数学应用意识

（一）重视介绍数学知识的来龙去脉

数学知识的形成来源于生产实践的需要和数学内部的需要。学生所学知识大都来源于生产实践，包括学生的生活经验，这就为我们从学生的生活实际入手引入新知识提供了大量的背景资料。数学教学中应该让学生了解这些数学知识的来龙去脉，充分体验这些知识的数学应用以及它们的应用价值，逐步培养学生的数学应用意识。

（二）鼓励和引导学生数学地思考，提出问题

现实世界的存在形式千姿百态，我们无法看到或读出它的数学表现或描述，而需要我们自己去描述，去发现。只有从数学角度进行描述，找到其中与数学有关的因素，才有可能进一步去探索其中的规律或寻求数学的解决办法。从数学的角度描述客观事物与现象，寻找其中与数学有关的因素，是主动运用数学知识和方法解决实际问题的重要环节。例如，可以鼓励学生从数学的角度描述与出租车有关的数学事实（车费与行驶路程、等候时间、起步价有关；耗油量与行驶路程有关等等）。因此，教师在教学中应努力为学生提供尽可能多的具有原始背景的数学问题，让学生自己抽象出其中的数学问题，并用数学语言加以描述。在数学教学中，教师可从以下几方面来构造问题：

1. 注重与日常生活的密切联系

日常生活中的许多问题，如住房、贷款、医疗改革、购物等，都与数学有着密切的联系，教师在数学教学中可以结合教学内容，将这些实际问题充实进去，有利于培养学生的数学应用意识。

2. 注重数学知识与社会的联系

数学的内容、思想、方法和语言已经渗透到社会生活的各个方面，经济发展离不开数学，高科技发展的基础在于数学。日常教学中可适当充实一些数学与社会现实联系的问题，如人口、资源、环境等社会问题。

3. 注重数学与各学科的联系

随着科学技术的迅速发展，数学与各学科的联系越来越紧密，数学作为基本工具的作用越来越显著。因此在教学中要体现数学与其他学科的联系，多充实一些与其他学科有关的知识，如数学与医学：抓住 CT 与几何学的关系，引出 CT 的数学原理；数学与生物：利用生物学中细胞分裂的实例可加深学生对指数函数的理解。通过这些问题与课本知识的沟通与衔接，即增强了学生利用数学知识的主动性，又提高了学生的创新意识。

4. 注重数学与各专业的联系

对高职院校来说，数学是一门基础课程，是学习其他专业课程的基础。在强调“适度，够用”的要求和数学课时数缩减的情况下，数学教学应注重与各专业的联系，有针对性地选择一些与专业相关的问题。比如，对市场营销专业的学生，可向他们介绍一些关于

进货优化问题，当需求量随机出现时，选择何种方案能够使总利润最大；对物流专业的学生，可向他们介绍一些与图论有关的实例，如七桥问题、商人过河问题等，使他们了解图论的思想，为以后学习专业知识打下基础；对机电类各专业的学生，则可结合导数的应用向他们介绍速率、线密度等问题。

（三）为学生解决实际问题创造条件和机会

学生不仅生活在学校中，还生活在家庭和社会中，教师可以从学校生活、家庭生活和社会生活中选择有意义的活动让学生参与，或让学生走出课堂，去主动实践。创造机会让学生亲身实践是培养学生数学应用意识的有效手段。

1. 教学中可增加贴近生活的应用题

据《市场报》1993 年 11 月 2 日报道的一则消息，成都物业投资总公司为了让刚有一点积累，而住房十分紧张的市民买到低档房屋，特意建造了一批每平方米售价仅为 1188 元的住房，3 年后公司将全部购房款还给房主，这叫“3 年还本售房”。某居民为解决住房困难，筹款购买了 70 平方米的住宅。试问：该居民实际上用多少钱购买了这套住宅？（精确到个位，3 年期储蓄的年利率是 12.24%）这道题是根据报纸上的报道设计的应用题，既可用学生掌握的数学知识解决，又与目前深化住房制度改革的形势密切相关。因此，学生不仅对这一问题感兴趣，还可以为家长的决策做参谋，激发了学生应用数学知识参与社会实践的欲望。

2. 教师努力挖掘有价值的研究性活动

从某种程度上说，课外活动对学生自主性、独立性、选择性、创造性以及应用能力的培养是课堂教学难以替代的。适当地增加课外的专题学习，开展研究性活动是对课堂教学一种有益的补充。如给学生布置一些研究性课题：①某商店某一类商品每天毛利润的增减情况；②银行存款中年利率、利息、本息、本金之间的关系；③如何估算某建筑物的高度。让他们围绕这些研究性课题展开调查，尽可能多的让他们了解利息、利率、市场经营以及住房建筑等社会生活知识。然后在教师的启发下，将这些实际问题转化为数学问题并选择适当的方法解决。这类实践活动，首先需要学生明确所要研究的因素以及如何去获取这些因素的相关信息，然后才能设法去搜集相关信息并对这些信息进行加工分析，找出解决问题的具体办法。此时，教学的重点便不再只是停留在数量关系的寻找上，而是侧重于学生的探索研究。一方面增加了学生解决实际问题的社会经验，有利于解应用题的素材积累；另一方面培养了学生主动解决问题的习惯，激发了学生学习数学的兴趣，培养了数学应用意识。

第四节　培养学生数学建模能力的教学策略

数学建模在科学技术发展中的作用越来越受到人们的重视，它已成为现代科技工作者必备的重要能力。培养学生的数学意识及运用数学知识解决实际问题的能力，既是数学教学目标之一，又是提高学生数学素质的需要。学生的数学素质主要体现在能否运用数学知识（数学思维）去解决实际问题，以及形成学习新知识的能力和适应社会发展的需要。数学建模是数学问题解决的一种重要形式，从本质上来说，数学建模活动就是创造性活动，数学建模能力就是创新能力的具体体现。数学建模活动就是让学生经历“做数学”的过程，是学生养成动脑习惯和形成数学意识的过程；它为学生提供了自主学习的空间；有助于学生体验数学在解决实际问题中的价值和作用，体验数学与日常生活和其他学科的联系，体验综合运用知识和思想方法解决实际问题的过程，增强应用意识；有助于激发学生学习数学的兴趣，发展学生的创新意识和实践能力。

一、数学建模的含义

数学模型通常是物体实际特征的精准简略表述。描述各类现象可以有多种方式，但为了实现科学严谨、逻辑清晰以及可重复验证的目标，往往采用数学这一更为正式和严格的语言加以阐述。数学模型就是针对现实世界中特殊的客体，依据内在规律，设置合理假设，借助数学工具构造出来的数学系统。关于数学模型，目前虽无统一定义，但本德认为其是对部分真实世界的抽象化和简单化的数学框架。另有人则将其理解为实体对象的数学表征，或是用数学语言描绘出的实际情况，本质上则是实际现象的数学简化。建立数学模型的过程被称为数学建模。这是把现实问题用数学语言表达，进而形成数学模型，再借助尖端的数学方法和计算机技术进行推导和求解的实践活动。所以，数学建模实质上是用数学语言揭示实际现象的过程。这个过程既涵盖实体自然现象（如自由落体）的描述，也包括抽象的数学现象（如消费者对某产品价值取向）的模拟。实际上，许多自然科学生活及社会科学问题并非固有的数学问题。只有经过数学建模，才能运用数学概念和理论进行深度剖析和研究，从而从定量或定性角度为解决这些问题提供准确的参考信息或有力引导。

数学建模作为连接数学和实际问题的桥梁，使数学得以在各领域得以广泛运用，也是推动科学技术成果转化的关键手段。而且，随着数学建模在科学技术发展中日益突出的地位，数学家和工程师们开始普遍重视这一技能。尤其在诸如物理学的引力定律、电学的麦克斯韦方程组、化学的门捷列夫周期表以及生物学的孟德尔遗传定律等重要学科领域，数学建模发挥了关键作用。

二、数学建模的步骤

应用数学去解决各类实际问题时，建立数学模型是十分关键的一步，同时也是十分困难的一步。建立教学模型的过程，需要通过调查和搜集数据资料，观察和研究实际对象的固有特征和内在规律，抓住问题的主要矛盾，建立起反映实际问题的数量关系，然后利用数学的理论和方法分析和解决问题。完成这个过程，需要有深厚扎实的数学基础、敏锐的洞察力、大胆的想象力以及对实际问题的浓厚兴趣和广博的知识面。

一个合理、完善的数学建模步骤是建立一个好的数学模型的基本保证，数学建模讲究灵活多样，所以数学建模步骤也不能强求一致。下面介绍的一种“八步建模法”，是在大学数学建模教学中总结出的一套比较细致全面的建模步骤，具体包括以下八个步骤：

（一）提出问题

能创造性地提出问题是顺利解决问题的一半，也是成功解决问题的关键一步。很多问题没有得到很好的解决，其原因是问题没有提好。这一步骤的关键在于明确建模目的和要建立的模型类型，即从问题的情景以及可获得的可信数据中可得到什么信息，所给条件有什么意义，对问题的变化趋势有什么影响，并且要弄清该问题所涉及的一些基本概念、名词和术语。通过对实际问题的初步认识和分析，明确问题的情景，把握问题的实质，找准待解决的问题所在，提出明确的问题指标，明确建模的目的所在。

（二）分析变量

分析变量的过程，首先要将研究的对象所涉及的量尽可能的找准、找全，然后根据建模目的和要采用的方法，确定变量的类型是确定性的还是随机的，并分清变量主次地位，忽略引起误差小的变量，初步简化数学模型。在研究变量之间的关系时，一个非常重要的方法是数据处理，即对我们从开始所获得的数据作适当的变换或其他处理，以便从中找出隐藏的数学规律。

（三）模型假设

模型是通过问题的分析和提出问题而得出的，是被建模目的所决定的。模型的假设作为奠定数学建模的基础要将表面上杂乱无章的现实问题抽象、简化成数学的量的关系。模型假设，是建模的关键一步，在一定程度上决定了后续工作的展开、建模的复杂程度，甚至关系到整个建模过程的成败。因为影响一个现实事件的因素通常是多方面的，我们只能选择其中主要影响因素以及它们中的主要矛盾予以考虑，但这种简化一定要合理，过分的简化会导致模型距离实际太远而变得失去建模意义。因此，根据对象的特征和建模目的，对问题进行必要的、合理的简化，用精确的语言作出假设，充分发挥想象力、洞察力和判断力，善于辨别主次，而且为了使处理方法简单，应尽量使问题线性化、均匀化。

（四）建立模型

在前三步的基础上，根据所研究的对象本身的特点和内在规律，以模型假设为依据，利用适当数学工具和相关领域的知识，通过联想和创造性的发挥及严密的推理，最终形成描述所研究对象的数学结构的过程。可能是一个方程组的求解问题，也可以是一个最优化问题，还可以是其他数学表示。从简单的角度讲，这一环节要求用尽可能简洁清晰的符号、语言和结构将经过简化的问题进行整理性的描述，只要做到准确和贴切即可。当然数学和应用数学学科的发展已有大量和丰富的概念与方法积淀，因此所建立模型在表述上应尽可能符合一些已经成熟的规范，以便于应用已知结论求解以及模型的应用与推广。

（五）模型求解

建立数学模型还不是建模的最终目的，建模是为了解决问题，因此还要对建立的数学模型进行求解，以便应用于实践。不同的模型要用不同的数学工具求解，可以采用解方程、画图形、定理证明、逻辑运算以及数值计算等各种传统的或近代的数学方法。随着信息科学的高速发展，在现在的多数场合下，数学模型必须依靠计算机软件求解才能得到较好的解决。因此，熟练利用数学软件会为数学模型的求解带来方便，其在解模的过程中起着不可替代的作用。

（六）模型分析

模型求解只是问题解决的初步阶段，因为在模型建立的过程中，只是近似的抽象出实际问题的框架与实质，在设计变量、模型假设、模型求解等阶段，都会忽略掉一些实际因素，或者引进一些误差，使得数学模型仅是问题的近似与估计，从而得到的结果也只是实际情形的近似或估计。因此，在模型求解后有必要进行结果的检验分析与误差估计，以便了解所得结果在什么情形下可信，在多大程度上可信，也就是下面将要论述的模型分析。

模型分析主要包括：误差分析、对各原始数据或参数进行灵敏度、稳定性分析等。过程可简化如下：分析—不合要求—重新审查修改重建—合要求—评价、优化—解释、翻译成通俗易懂的语言。

（七）检验模型

检验模型，通俗地讲，就是把模型求解所得的数学结果解释为实际问题的解或方案，并用实际的现象、数据加以验证，检验模型的合理性和适用性。检验模型主要包括以下两类：①实际检验：回到客观世界中检验，用实验或问题提供的信息来检验。②逻辑检验：一般是结合模型分析以及对某些变量的极端情况获取极限的方法，找出矛盾，否定模型。如果模型的结果距离实际太远，应当从改进模型的假设入手，可能是因为将一些重要的因素忽略了，也可能是将某些变量之间的关系作了过分简化的假设。需要修改或重新建立模型，直到检验结果获得某种程度的满意。

（八）模型应用

模型应用是建模的宗旨，也是对建模最客观、公正的检验，数学建模需要在实践的检验中多锤炼、提高、发展和完善。以上提出的数学建模的八个步骤，各步骤之间有着密切的联系，它们是一个统一的整体，不能截然分开，在建模过程中应灵活应用。

三、高等数学教学中培养数学建模能力的必要性

（一）有利于学生动手实践能力的培养

传统的数学教学中，大多是教师给出题目，学生给出计算结果。问题的实际背景是什

么，结果怎样应用等问题在传统数学教学中很难得到体现。数学建模是一个完整的求解过程，要求学生根据实际问题，抽象和提炼出数学模型，选择合适的求解算法，并通过计算机程序求出结果。在数学建模过程中，学生将学过的知识与周围的现实世界联系起来，对培养学生的动手实践能力很有好处，有助于学生毕业后快速完成角色的转变。

（二）有利于学生知识结构的完善

一个实际数学模型的构建涉及多方面的问题，如工程问题、环境问题、生物竞争问题、军事问题、社会问题等等，就所用工具来讲，需要计算机处理、Internet 网、计算机检索等，因此数学建模有利于促进学生知识交叉、文理结合，有利于促进复合型人才的培养，另外数学建模还要求学生具有很强的计算机应用能力和英文写作能力。数学建模教会了学生面临实际问题时，如何通过搜集信息和查阅文献，加深对问题的理解，构建合理的数学模型。这个过程就是自主学习、探索发现的过程。“授人以鱼，不如授人以渔”。通过这样的训练，学生具备了一定的自我学习的方法和能力，这与现代社会要求人才具有终身学习的能力是相符合的。

（三）有助于学生创新意识和创新能力的培养

我国传统数学内容过多注重确定性问题的研究，采用的是“满堂灌”的教学方式。这种方法容易造成学生的“惰性思维”，难以充分展示学生的个性。而数学建模是通过大量生动有趣的实例来激发学生学习的兴趣和学习热情。数学建模不同于传统的解题教学，在建模过程中没有固定的模式和固定的答案，即使是对同一问题进行研究，其采用的方法和思路也是灵活多样的。建模没有最好，只有更好。从对实际问题的简化假设，到数学模型的构造，再到数学问题的解决，最后到模型在实际生活中的应用，无不需要创造性的思维和创新意识。通过数学建模，培养了学生的洞察力、想象力和创造力，提高了学生解决实际问题的能力。

（四）有利于学生团队精神的培养

大学生毕业后，大多从事的是一线工作，非常需要合作精神和团队精神。数学建模需要学生以团队形式参加，通过全体同学在建模的过程中合理的分工与协作，最后完成问题的解决。集体工作、共同创新、荣誉共享，这些都有利于培养学生的团队精神，培养学生将来协同创业的意识。任何一个参加过数学建模的学生都对团队精神带来的成功和喜悦感到由衷的鼓舞。因此，数学建模活动的开展，有利于学生团队精神的培养。

总之，数学建模所体现的创新思维意识、团队合作精神正是我们这个时代所需要的，是高职院校数学课教师必须努力实现的目标，数学建模的开展也为高校数学课教学指明了方向。

四、数学建模的教学要求

（1）在数学建模中，问题是关键。数学建模的问题应是多样的，应来自于学生的日常生活，现实世界以及不同的专业知识。同时，解决问题所涉及的知识、思想与方法与高等数学课程内容有密切的联系。

（2）通过数学建模，学生将了解和经历解决实际问题的全过程，体验数学与日常生活及其他学科的联系，感受数学的实用价值，增强应用意识，提高实际能力。

（3）每一个学生可以根据自己的生活经验发现并提出问题，对同样的问题，可以发挥自己的特长和个性，从不同的角度及层次探索解决的方法，从而获得综合运用知识和方法解决实际问题的经验，发展创新意识。

（4）学生在发现和解决问题的过程中，应学会通过查询资料等手段获取信息。

（5）将课内与课外有机地结合起来，把数学建模活动与综合实践活动有机结合起来。数学模型有广义和狭义之分，广义的数学模型包括从现实原型抽象概括出来的一切数学概念、各种数学公式、方程式、定理以及理论体系等。可以说数学概念、命题教学可看做广义数学模型的建立过程。狭义的数学模型是将具体问题的基本属性抽象出来成为数学结构的一种近似反映，是那种反映特定的具体实体内在规律性的数学结构。

五、培养学生数学建模思想的教学对策

（一）在理论教学中渗透建模思想

数学理论是由因为实际需要而产生的，也是其他定理和应用的前提。因此在教学中应重视从实际问题中抽象出数学概念，让学生从模型中切实体会到数学概念是因有用而产生的。从而培养学生学习数学的兴趣。例如，在讲定积分概念时运用求曲边梯形面积作为原型，让学生体会一定条件下“直”与“曲”相互转化的思想以及“化整为零、取近似、

聚整为零、求极限”的积分思想。通过模型来学习概念，加强数学来自现实的思想教育。重要的是让学生看到问题的提出，对数学建模产生兴趣。同时应重视传统数学课中重要方法的应用，例如，利用一阶导数、二阶导数求函数的极值和函数曲线的曲率在解决实际问题中的应用。

（二）在应用中体现建模思想

教师可以选择一些简单的结合数学课程内容的实际或改变后的一些题目，根据建模的一般含义、方法、步骤进行讲解。培养学生学习数学建模的兴趣，激发其数学建模的积极性，使学生具有初步的建模思想。例如，在自然科学以及工程、经济、医学、体育、生物、社会等学科中的许多系统，有时很难找到该系统有关变量之间的直接关系——函数表达式，但却容易找到这些变量和它们的微小增量或变化率之间的关系式，这时便可采用微分关系式来描述该系统，即建立微分方程模型。在教学过程中，应注意培养学生用上述工具解决实际问题的能力。

（三）在考核中增设数学建模环节

目前，考试仍然是高校考查学生学习情况的重要环节，但考试并不能充分体现出学生各方面的能力。除数学建模课程外，教师同样可以在数学课程中设立数学建模考试环节作为参考，具体可将试题分为两部分：一部分是基础知识，可在规定时间内完成；另一部分是一些实用性的开放性考题，考查的形式可以参考数学建模竞赛。这样不仅能考查学生的能力，而且能从中挖掘有潜质的学生，为选拔参加全国大学生数学建模竞赛作参考。

（四）建立适合数学建模思维的教学方法

数学建模本身是一个不断探索、不断创新、不断完善和不断提高的过程，其培养过程需要一定的数学基础以及广博的知识面和丰富的想象力。与其他数学类课程相比，数学建模具有难度大、涉及面广、形式灵活等特点，对教师和学生的要求相对比较高，教师必须采取适合数学建模思想的教学方法。

1. 采用教师与学生双向互动的教学模式

在建模课程中要突出学生主体，充分发挥学生的主动性和积极性以及学生作为活动主体应有的地位和作用。建模教学一般都是采用双向式教学，有利于改变过去传统教学方式的单一性，强化“启发式”教学方法的实施。建模教学中应适当减少老师理论讲解的时间，增加课堂交流的时间，给学生留下独立思考的空间，并增加课堂练习时间，便于老师及时掌握学习效果。部分教学内容可以采用学生讲解、课堂讨论的形式，让学生自己充当一次教师，并在学生讲解完展开讨论，鼓励其他学生提出质疑并发表不同的见解。最后，教师可以就其中所出现的一些问题进行纠正或补充总结。教师要学会驾驭课堂，学会耐心倾听学生意见，培养学生的求知欲望，激发学生的创新意识，培养学生的创新精神和创新能力，同时也要有意识地提出疑问，培养学生发现问题、解决问题的意识。

2. 采用教学与自学相结合的教学方法

数学建模涉及的知识面比较广泛，不可能让学生先学会所有的知识再去建模，且仅靠课堂学的知识也难以圆满完成建模过程。这就要求学生要利用丰富的学习资源不断地自我学习、自我充实。教师除课堂上传授数学理论知识外，还应培养学生学会利用各种资源快速获取信息及掌握新知识的能力，指导学生利用图书馆、网络的书籍和论文，阅读与建模相关的资料。广泛阅读学习可以开拓学生的视野，培养学生的自学能力。通过这样的训练，可使学生具备一定的自我学习方法和能力，这与现代社会所需人才具有终身学习的能力是相符合的。通过自学以获取相关知识的能力表明，数学建模是激发学生学习欲望，培养学生主动探索、努力进取和团结协作精神的有力措施。

3. 采用现代的开放式教学方法

在数学建模思想的培养中可引入开放式的教学方法，如探究式、研讨式、案例式、启发式等，建模初始应从简单问题入手，引导学生初步掌握用数学形式刻画和构造模型的思想，培养学生积极参与和勇于创造的意识。随着学生能力和经验的增长，可让其通过实习作业或活动小组的形式，由学生展开分析讨论，分析每种模型的有效性，并提出修改意见，以确定讨论是否有进一步扩展的意义。这样学生可以在不断发展、不断创造中培养信心，纠正理解的片面性。受应试教育的影响，很多学生形成了思维定势，认为数学问题只有一个标准答案。因此，学生在解答数学问题后，就不会再考虑是否还有其他方案，缺少创新思维。为此，教师应开拓学生的思维方式，启发调动学生积极讨论，鼓励学生从多个角度考虑问题，大胆提出不同的解决方案，鼓励标新立异、另辟新径。在小组讨论后说出各自的答案，集体评价各种思路的利弊。通过教师的引导与启发，通过集体讨论，学生逐渐发现自己认知方面的不足，并养成多方面、多角度考虑问题的习惯。

4. 借助现代教学手段辅助教学

运用计算机工具解决建模问题，是促进数学建模教学的有效方法。采用多媒体教学方式进行建模学习，通过运用多媒体向学生展示生动有趣的案例、丰富多彩的图形动画，可激发学生学习建模的兴趣与热情。同时，注重对学生运用计算机软件建立数学模型的培养。学校建立计算机交互式多媒体实验室，扩充原数学建模实验室，供广大数学建模爱好者使用，为数学建模教学创造良好的实验条件和环境。数学建模课可以整合开设，除了调整教学内容，增加最新技术成果及应用介绍之外，还要增加知识模块之间的衔接，从建模能力和软件运用的结合培养学生的探索兴趣与解决实际问题的能力。

六、数学建模能力培养的教学策略

要提高高等院校学生的建模综合能力，首先要在平时的数学课堂教学中从以下各项能力的培养入手。

（一）培养学生的双向翻译能力

实际应用问题，一般由普通语言或图表语言给出，而数学建模多是用符号描述。所以，双向翻译能力是应用数学的基本能力，也是传统教学中缺乏的，为了提高这方面的能力，在教学中应该做到：

（1）注重数学概念、公式、定理的产生和发展的问题背景。语言作为问题描述的载体，不同的语言有不同的表示形式，它们之间互译准确熟练与否，直接决定了建模能力的强弱。而诸多数学概念、公式、定理的产生和发展都有着丰富的问题背景，这为我们在数学教学中训练学生语言之间的互译提供了素材，如 Stokes 公式、第二类曲面积分的建立等。教师应在数学教学中适当补充概念、公式以及定理的应用性，充分体现知识产生于实践又服务于实践的全过程。

（2）以思维方法为视角，精选、剖析优秀的数学建模竞赛试题和参赛作品。科学的思维方法是人们进行科学认识的手段，是使思维运动通向客观真理的途径和桥梁。因此，在数学教学中必须重视科学思维方法的教育。精选往年的突出思维方法的数学建模竞赛试题并引导学生分析解决以及引导学生研读优秀的参赛作品，无疑是提升他们语言翻译能力的有效途径。

（二）培养学生的解模能力

通过讲授数学建模的具体思维方法，可以培养学生的解模能力。具体思维方法是哲学思维方法、一般思维方法在数学学科的某些特殊领域的特殊应用，是认识对象的特殊属性所决定的特殊方法，有参数辨识建模方法、线性规划、多目标规划以及各种统计方法等。如2000年DNA分类问题涉及的聚类分析方法，2002年公交车调度问题中如何将多目标规划问题转化为单目标归划问题等。通过以上具体事例的学习，熟练掌握方法的使用和处理问题的技巧，是提高学生解模能力的有效措施。此外，结合实验课中的实验内容，还应分层次、有目的地设计层次不同的题目锻炼学生应用数学软件包的能力。

（三）培养学生的观察和猜想能力

通过类比引导等策略，可提升学生的感知力与推测能力。（1）教授观察、推测技巧。狄更斯曾言："方法乃知识之瑰宝。"数学教育中，教师应按部就班，促使学生掌握正确的观察，推测方式。例如，揭示某些数学家的重要推测及其形成过程，借助追寻数学家的思维模式获取推测方法，如探究式推测法，类推式推测法等。注重过程教学，激发学生的判断力及创新意识。同时，结合数学史实进行教学，使学生深入理解知识创造的艰辛历程，领略科学家们追求真理的高尚情怀，逐步培养出他们的科学精神。

（2）深化传统数学课程、实验课程教学，以培育学生的观察、推测能力。数学界中的很多经典公式、定理均由数学家经过精密观察、归纳和类推等手段得出，这为增强观察能力提供了丰富的沃土。

在涉及概念、定理及公式讲解的授课时，结合具体课型，关注并分析这些概念、定理以及公式的形成过程，通过对比分析彼此的侧面、特性及异同，指导学生总结共性，然后抽象出新的观念和理论。譬如，随机变量概念的引入和构建，可以首先研究如骰子的点数、产品中次品数量等以数值表示的事件的特征，接着将以非数值表示的随机事件数字化进行考察，最终归纳并发掘出基于样本空间（事件域）的函数——随机变量。

解题活动构成了数学教学的一种间接实践形式，也是锻炼基础技能的关键环节。在教学策划时，应当精选适合的习题，细化审题、思考和解答三个阶段的训练，引领学生体验"数学之感"。

参考文献

[1] 苏建伟．学生高等数学学习困难原因分析及教学对策［J］．海南广播电视大学学报，2015（2）．

[2] 温启军，郭采眉，刘延喜．关于高等数学学习方法的研究［J］．吉林省教育学院学报，2013（12）．

[3] 同济大学数学系．高等数学（第七版）［M］．北京：高等教育出版社，2014.

[4] 黄创霞，谢永钦，秦桂香．试论高等数学研究性学习方法改革［J］．大学教育，2014（11）．

[5] 刘涛．应用型本科院校高等数学教学存在的问题与改革策略［J］．教育理论与实践，2016，36（24）：47-49.

[6] 徐利治．20 世纪至 21 世纪数学发展趋势的回顾及展望（提纲）［J］．数学教育学报，2000，9（1）：1-4.

[7] 徐利治．关于高等数学教育与教学改革的看法及建议［J］．数学教育学报，2000，9（2）：1-2，6.

[8] 王立冬，马玉梅．关于高等数学教育改革的一些思考［J］．数学教育学学报，2006，15（2）：100-102.

[9] 张宝善．大学数学教学现状和分级教学平台构思［J］．大学数学，2007，23（5）：5-7.

[10] 夏慧异．一道高考数学题的解法研究及思考［J］．池州师专学报，2006，20（5）：135-136.

[11] 赵文才，包云霞．基于翻转课堂教学模式的高等数学教学案例研究——格林公式及其应用［J］．教育教学论坛，2017（49）：177-178.

[12] 余健伟．浅谈高等数学课堂教学中的新课引入［J］．新课程研究，2009（8）：96-97.

[13] 江雪萍．高等数学有效教学设计的探究［J］．首都师范大学学报（自然科学版），2017（6）：14-19.

[14] 同济大学数学系．高等数学，下册［M］：第七版．北京：高等教育出版社，2014：25.

[15] 谌凤霞，陈娟．“高等数学”教学改革的研究与实践［J］．数学学习与研究，2019（07）．

[16] 王冲．“互联网+”背景下高等数学课程改革探索与实践［J］．沧州师范学院学报，2019（01）．

[17] 王佳宁．浅谈高等数学课程的教学改革与实践研究［J］．农家参谋，2019（05）．

[18] 茹原芳，朱永婷，汪鹏．新形势下高等数学课程教学改革与实践探究［J］．教育教学论坛，2019（09）．

[19] 中华人民共和国教育部．普通高中数学课程标准［M］．北京：人民教育出版社，2017.

[20] 杨兵．高等数学教学中的素质培养［J］．高等理科教育，2001（5）：36-39.

[21] 同济大学数学系．高等数学［M］.6 版．北京：高等教育出版社，2007.

[22] 李文林．数学史概论［M］.3 版．北京：高等教育出版社，2011.

[23] 沈文选，杨清桃．数学史话览胜［M］．哈尔滨：哈尔滨工业大学出版社，2008.

[24] 曲元海，宋文媛．关于数学课堂内涵的再思考［J］．通化师范学院学报，2013，34（5）：71-73.